卓越工程师培养系列

Excellent Engineer Training Series

电路设计与制作
实用教程

——基于嘉立创EDA（第2版）

主 编／唐 浒 韦 然

副主编／莫志宏 彭芷晴 张 博

U0217938

电子工业出版社·

Publishing House of Electronics Industry

北京·**BEIJING**

内 容 简 介

本书以嘉立创 EDA 为设计软件，以 STM32 核心板为硬件载体，介绍电路设计与制作的全过程。主要内容包括嘉立创 EDA 介绍、STM32 核心板介绍、基于 STM32 核心板的电路设计与制作流程、STM32 核心板原理图及 PCB 设计、导出生产文件、制作电路板、STM32 核心板焊接、STM32 核心板程序下载与验证、创建元件原理图符号和 PCB 封装。希望读者在学习完本书后，能够快速设计并制作出一块属于自己的电路板，同时掌握电路设计与制作所需的基本技能。

本书既可以作为高等院校相关专业的电路设计与制作实践课程教材，也可作为电路设计及相关行业工程技术人员的入门培训用书。

图书在版编目（CIP）数据

电路设计与制作实用教程 ：基于嘉立创 EDA／唐浒，韦然主编 . -- 2 版 . -- 北京 ：电子工业出版社，2024.7. -- ISBN 978-7-121-48159-8

Ⅰ．TN702.2

中国国家版本馆 CIP 数据核字第 202483D06H 号

责任编辑：张小乐
印　　刷：河北迅捷佳彩印刷有限公司
装　　订：河北迅捷佳彩印刷有限公司
出版发行：电子工业出版社
　　　　　北京市海淀区万寿路 173 信箱　邮编：100036
开　　本：787×1092　1/16　印张：9.5　字数：243 千字
版　　次：2019 年 10 月第 1 版
　　　　　2024 年 7 月第 2 版
印　　次：2025 年 1 月第 4 次印刷
定　　价：48.00 元

凡所购买电子工业出版社图书有缺损问题，请向购买书店调换。若书店售缺，请与本社发行部联系，联系及邮购电话：（010）88254888，88258888。

质量投诉请发邮件至 zlts@phei.com.cn，盗版侵权举报请发邮件至 dbqq@phei.com.cn。

本书咨询联系方式：（010）88254462，zhxl@phei.com.cn。

前 言

EDA 是电子设计自动化（Electronic Design Automation）的缩写，是实现集成电路芯片的功能设计、综合、验证、物理设计（包括布局、布线、版图、设计规则检查等）等的重要工具。EDA 工具软件可分为 3 类：芯片设计辅助软件、可编程芯片辅助设计软件和系统设计辅助软件，PCB 设计软件属于系统设计辅助软件这一类。

PCB 是一种半导体元件的载体，也是电子电路的核心部件之一，PCB 设计的好坏直接影响电子产品的性能，因此，PCB 的重要性不言而喻。对于从事电子设计的工程师（如电子工程师、硬件工程师等）而言，PCB 设计是必须具备的一项基本功，也是检验工程师技术水平的试金石。电路设计与制作是一项非常复杂且系统的工作，涉及原理图设计、PCB 设计和生产文件导出等阶段。其中原理图设计阶段主要包括制作元件符号、绘制原理图、检查原理图等工作；PCB 设计阶段主要包括制作元件封装、绘制 PCB、DRC 检查等工作；生产文件导出阶段主要有导出坐标文件、Gerber 文件、BOM 等工作。"麻雀虽小，五脏俱全"，即使是设计和制作一块简单的电路板，也必须掌握上述这些技能，并且能将这些技能合理有效地贯穿始终。

"工欲善其事，必先利其器"，对于初学者而言，首先需要选择一款友好易用的 EDA 软件。嘉立创EDA始创于2010年，是一款由嘉立创EDA团队独立开发的云端PCB设计软件。该软件不仅拥有自主知识产权，还承诺永久免费使用。嘉立创 EDA 以"两小时入门，两天精通"为宗旨。在这个宗旨下：①嘉立创 EDA 软件具有清晰的中文界面，大大降低了使用门槛，而且很多功能操作都可一键完成，简洁高效，让用户可以轻松上手；②嘉立创 EDA 集中管理元件库和模型，已集成超过百万个的免费封装库、上万种 3D 模型库及海量开源工程，支持电路仿真、原理图与 PCB 设计、面板设计等众多强大的电路设计功能，可大大提升用户设计效率，满足用户的多元化需求；③嘉立创 EDA 立足于云端，用户可随时随地使用，更加便于团队协作和项目管理；④依托嘉立创科技集团所搭建的"电子行业一站式服务平台"，用户可实现从 EDA 设计、PCB 打样/小批量、元件采购、激光钢网到 SMT 贴片的全流程一站式操作。

为了最大限度地满足用户的使用需求，嘉立创 EDA 相继推出了标准版和专业版两个版本。其中，标准版主要面向电子爱好者及教育工作者，适用于 300 个元件以下的电路设计；专业版主要面向专业开发人员，适用于更加复杂的 PCB 设计。

本书选用嘉立创 EDA（标准版），并以 STM32 核心板为硬件载体，通过理论与实例相结合的方式，详细介绍电路设计与制作的流程及操作方法，内容循序渐进，工程实用性强。初学者通过学习本书及不断的练习和实践，可以在短时间内对电路设计与制作的整个过程形成立体的认识，最终能够独立地进行简单电路的设计与制作。此外，本书的一大特色是着重介绍各种设计和操作规范，有助于初学者养成良好的习惯。本书的另一特色是遵循"小而精"的理念，只重点介绍与STM32核心板电路设计与制作相关的技能和知识点，未涉及的内容尽量省略。

此次修订，对第1版的内容、结构均做了较大程度的调整和优化，首先介绍嘉立创EDA软件和STM32核心板，便于读者先了解软件的基本情况，以及理解STM32核心板的电路设计原理。然后通过"总分"的方式，先介绍电路设计与制作的整个流程，再详细讲解原理图设计、PCB设计、生产文件导出、制作电路板、焊接调试电路板、程序下载与验证，最终完成一块STM32核心板的设计与制作。最后一章特别介绍创建元件原理图符号和PCB封装，是考虑到用户在后续的项目设计中可能会使用到一些不常用的或需要特殊设计的元件，而这些元件不在嘉立创EDA提供的元件库中，需要用户自己设计，用户可以通过学习这一章来掌握制作元件原理图符号和PCB封装的方法。另外，本书配有丰富的资料包，包括STM32核心板原理图、例程、软件包、PPT讲义、参考资料等。这些资料会持续更新，下载链接可通过微信公众号"卓越工程师培养系列"获取。

唐浒和韦然总体策划了本书的编写思路和大纲，并参与部分章节的编写；莫志宏、彭芷晴、张博协助完成统稿工作，并参与部分章节的编写；汪天富对全书进行审核。本书得到了深圳大学生物医学工程学院、西安交通大学生命科学与技术学院的大力支持；深圳市乐育科技有限公司提供了充分的技术支持；深圳嘉立创科技集团股份有限公司的贺定球为本书的编写给予了大力支持。本书的出版还得到了电子工业出版社的鼎力支持，在此一并致以衷心的感谢！

由于编者水平有限，书中难免有不成熟和错误之处，恳请读者批评指正。读者反馈问题、获取相关资料或遇实验平台技术问题，均可发邮件至邮箱：ExcEngineer@163.com。

目 录

第 1 章

嘉立创 EDA 介绍

嘉立创 EDA 是一款由嘉立创 EDA 团队独立开发的云端 PCB 设计软件，服务于广大电子工程师、教师、学生、制造商和电子爱好者，隶属于深圳嘉立创科技集团股份有限公司。嘉立创 EDA 拥有独立的自主知识产权，并承诺永久免费使用。

随着设计场景与用户群体的改变，嘉立创 EDA 相继推出了标准版和专业版两个版本。标准版主要面向电子爱好者及教育工作者，其功能和使用相对简单，适用于 300 个元件以下的电路设计；专业版主要面向专业开发人员，适用于更加复杂的 PCB 设计，其功能更强大，约束性也更高。

嘉立创 EDA 的发展愿景是成为全球工程师的首选 EDA 工具；使命是用简约、高效的国产 EDA 工具，助力工程师专注于创造与创新。

1.1 嘉立创EDA

嘉立创 EDA 是一个基于云端平台的工具，联网即用，只需在浏览器（推荐使用最新版的谷歌或火狐浏览器）地址栏中输入官方网址，或用搜索引擎搜索"嘉立创 EDA"，即可登录嘉立创 EDA 主页，如图 1-1 所示。

图1-1 嘉立创EDA主页

嘉立创 EDA 有标准版和专业版两个版本，启动模式又分为在线启动模式和客户端启动模式。本书基于嘉立创 EDA 标准版编写。

在线启动模式（标准版）：在嘉立创 EDA 主页上方单击"嘉立创 EDA 编辑器"按钮，打开"编辑器版本"对话框，如图 1-2 所示，此处选择"标准版"，进入在线启动模式，标准版编辑器界面如图 1-3 所示。还可以通过在主页中执行菜单命令"产品"→"在线编辑器（标准版）"进入标准版编辑器界面。

图1-2　编辑器版本

图1-3　标准版编辑器界面

客户端启动模式（标准版）：在嘉立创 EDA 主页单击"立即下载"按钮，客户端下载界面如图 1-4 所示，安装过程为一键安装。

图1-4　客户端下载界面

1.2　功能特点

云端技术的应用让嘉立创 EDA 有别于传统 EDA 的设计方式，让设计者不再局限于个人的设计，而是最大限度地发挥网络的优势。设计者可以在嘉立创 EDA 上实现库文件共享、团队管理、开源硬件平台和版本管理等一系列快捷功能，下面介绍其中的部分功能。

1.2.1　库文件共享

目前嘉立创 EDA 元件库有上百万个元件符号和封装，基本可以满足用户的大部分设计需求。用户不需要花太多时间去创建和绘制新的元件符号和封装，既能提高设计效率，也能更加专注于创造与创新。另外，根据立创商城的物料，嘉立创 EDA 可实时更新元件库，不断提供新的元件符号和封装。嘉立创 EDA 支持创建个人库文件，且用户创建的个人库文件将自动共享至用户贡献库中。嘉立创 EDA 认为，库文件的共享可以减少个人重复创建库文件的工作，从而提高设计效率。库文件共享并不会产生数据安全性问题，用户更需要关注的是私人的工程及文档。

1.2.2　团队管理

嘉立创 EDA 提供非常强大的团队管理功能。设计者创建一个团队，将成员加入其中并赋予权限，就可以共同对工程进行设计，并且在工程设计中实现分工协作，提高设计效率。通过团队管理的方式让团队成员对一个工程有更深入的理解，有助于工程的完善，体现团队协作的优势。在团队管理中，工程文件同样可以设置版本管理的功能，团队成员之间可以就一个项目设计多个版本，不同的团队成员可以设计不同的版本，有助于促进相互之间的学习、交流和进步。

　　团队的创建者可以对成员进行管理员的设置。在团队管理中，有以下几种管理权限。

（1）团队负责人：拥有管理团队的全部权限，如图 1-5 所示。

图1-5　团队负责人管理权限

（2）团队管理员：拥有团队和工程的管理权限，如图 1-6 所示。

图1-6　团队管理员管理权限

（3）团队成员：仅拥有查看团队和新建工程的权限，如图 1-7 所示。

图1-7 团队成员管理权限

1.2.3 开源硬件平台

工程师将自己的工程文件开源后，便可以与其他用户一起交流，这是一种良性的学习方式。他人通过对自己的开源工程进行学习和研究，可能会提出更好的解决方案。开源的工程文件也可能会对其他工程师的工程设计有参考和借鉴作用。

嘉立创 EDA 提供了一个开源硬件平台，如图 1-8 所示。在平台上可以看到用户贡献的工程文件，用户也可以将自己的工程权限设为公开，让更多人看到自己的设计，这对于提升个人的影响力和学习能力都有很大的帮助。在进行电路设计时，可以在开源广场上借鉴一些非常有价值的参考电路及 PCB 布局布线的设计等。通过开源硬件平台，用户可以学习他人的设计，有助于快速设计出自己的电路。硬件电路的开源环境需要用户共同营造，嘉立创 EDA 创建了一个专门用于硬件电路开源的论坛，以方便用户进行交流，单击图 1-8 所示界面上方的"论坛"按钮即可进入论坛页面。

1.2.4 版本管理

嘉立创 EDA 提供版本管理的功能。版本号表示一个工程在更新迭代中的唯一性。在团队设计中对工程进行版本管理，可以避免因版本不一致而导致沟通障碍或工程延迟的情况。版本管理在工程设计中是很重要的一部分，需要严格执行。

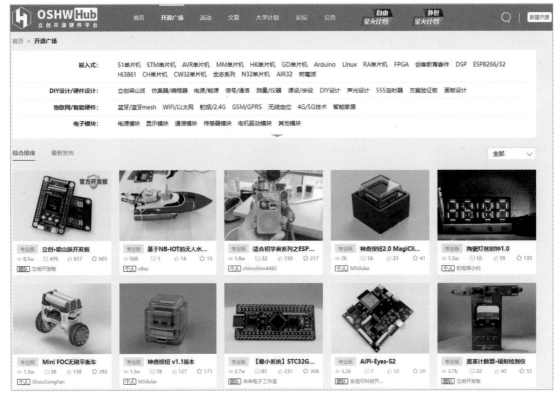

图1-8　开源硬件平台

本章任务

认识嘉立创 EDA，了解并熟悉其功能特点。

本章习题

1. 常用的 EDA 软件有哪些？简述各种 EDA 软件的特点。

2. 简述嘉立创 EDA 的发展历史和演变过程。

第**2**章

STM32 核心板介绍

本章主要介绍 STM32 核心板，包括 STM32 芯片、核心板的各个电路模块，以及可以在 STM32 核心板上开展的实验。读者在完成电路板的设计与制作后，既能方便地继续学习 STM32 微控制器，还可以对 STM32 核心板进行深层次的验证。

2.1　什么是STM32核心板

本书将以 STM32 核心板为载体对电路设计与制作过程进行详细介绍。那么，到底什么是 STM32 核心板?

STM32 核心板是由通信－下载模块接口电路、电源转换电路、JTAG/SWD 调试接口电路、独立按键电路、复位按键电路、OLED 显示屏模块接口电路、晶振电路、LED 电路、STM32 微控制器电路和外扩引脚组成的电路板。

STM32 核心板正面视图如图 2-1 所示，其中 CN1 为通信－下载模块接口（XH-6A 母座），P1 为 JTAG/SWD 调试接口（简牛），H1 为 OLED 显示屏模块接口（单排排母 2.54mm 7P），H2 为 BOOT0 电平选择接口（默认不接跳线帽），RST（白头按键）为 STM32 系统复位按键，PWR 为电源指示灯、LED1 和 LED2 为信号指示灯，SW1、SW2、SW3 为普通按键（按下为低电平，释放为高电平），J1、J2、J3 为外扩引脚。

STM32 核心板要正常工作，还需要搭配一套 JTAG/SWD 仿真－下载器（见图 2-2）、一套通信－下载模块（见图 2-3）和一个 0.96 英寸 7 针 OLED 显示屏模块（见图 2-4）。仿真－下载器既能下载程序，又能进行断点调试，常用的有 J-Link 和 ST-Link 仿真－下载器，本书建议使用 ST-Link 仿真－下载器。通信－下载模块主要用于计算机与 STM32 之间的串口通信，

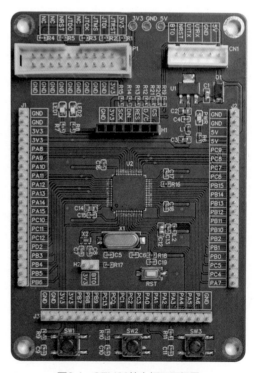

图2-1　STM32核心板正面视图

该模块也可以对 STM32 进行程序下载。OLED 显示屏模块则用于显示参数。STM32 核心板、通信－下载模块、JTAG/SWD 仿真－下载器、OLED 显示屏模块的连接图如图 2-5 所示。

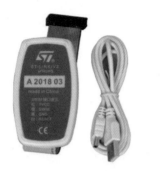

图2-2　JTAG/SWD仿真–下载器

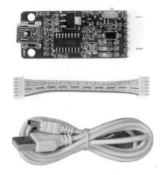

图2-3　通信–下载模块

图2-4　0.96英寸7针OLED显示屏模块

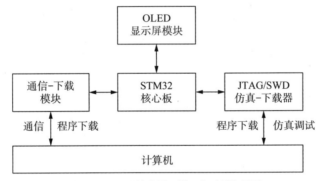

图2-5　STM32核心板正常工作时的连接图

2.2　为什么选择STM32核心板

作为电路设计与制作的硬件载体，有很多电路板可以选择，本书选择 STM32 核心板的主要原因有以下几点。

（1）核心板包括电源电路、数字电路、下载电路、晶振电路、模拟电路、接口电路、I/O 外扩电路、简单外设电路等基础且必须掌握的电路。这符合本书"小而精"的理念，即电路虽不复杂，但基本上包含了各种常用的电路。

（2）STM32 微控制器的片上资源极其丰富，又是基于库开发的，可采用 C 语言进行编程，资料非常多，性价比高，这些优点也使 STM32 微控制器成为目前市面上最流行的微控制器之一。

（3）STM32F103RCT6 芯片在 STM32 微控制器中属于引脚数量少（只有 64 个引脚），但功能较齐全的微控制器。因此，尽管引入了微控制器，但初学者在学习设计与制作 STM32 核心板的过程中并不会感到难度有所增加。

（4）STM32 核心板可以完成从初级入门实验（如流水灯、按键输入），到中级实验（如定时器、串口通信、ADC 采样、DAC 输出），再到复杂实验（如 OLED 显示、μCOS 操作系统）等至少 20 个实验。这些实验基本能够代表基于 STM32 微控制器开发的各类实验，可为初学者后续快速掌握 STM32 微控制器编程技术奠定基础。

（5）与本书配套的《STM32F1 开发标准教程》同样基于 STM32 核心板。因此，初学者可以直接使用自己设计的 STM32 核心板，顺利进入 STM32 微控制器软件设计的学习中，既能验证自己的核心板，又能充分利用已有资源。

2.3　STM32芯片介绍

在微控制器选型中，工程师常常会陷入这样一个困局：一方面抱怨 8 位 /16 位微控制器有限的指令和性能，另一方面抱怨 32 位处理器的高成本和高功耗。能否有效地解决这个问题，让工程师不必在性能、成本、功耗等因素中做出取舍和折中？

基于 ARM 公司 2006 年推出的 Cortex-M3 内核，ST 公司于 2007 年推出的 STM32 微控制器很好地解决了上述问题。因为 Cortex-M3 内核的计算能力为 1.25DMIPS/MHz，而 ARM7TDMI 只有 0.95DMIPS/MHz。而且 STM32 微控制器拥有 1μs 的双 12 位 ADC、4Mb/s 的 UART、18Mb/s 的 SPI 和 18MHz 的 I/O 翻转速度。更重要的是，STM32 微控制器在 72MHz 工作时功耗只有 36mA（所有外设处于工作状态），而待机时的功耗只有 2μA。[①]

由于 STM32 微控制器拥有丰富的外设、强大的开发工具、易于上手的固件库，在 32 位微控制器选型中，STM32 微控制器已经成为许多工程师的首选。据统计，从 2007 年发布 STM32 家族首款芯片——STM32F1 以来，ST 公司在微控制器市场上不断加大创新力度，STM32 持续出新。作为在通用微控制器市场排名前列的微控制器品牌和工业级 32 位微控制器的领跑者，截至 2023 年上半年，STM32 客户数量已超过 6 万个，累计出货量逾 110 亿颗。

尽管 STM32 微控制器已经推出十余年，但它依然是市场上 32 位微控制器的首选，而且经过十余年的积累，各种开发资料都非常完善，这也降低了初学者的学习难度。因此，本书选用 STM32 微控制器作为载体，核心板上的主控芯片是封装为 LQFP64 的 STM32F103RCT6 芯片，其最高主频可达 72MHz。

STM32F103RCT6 芯片拥有的资源包括 48KB SRAM、256KB Flash、1 个 FSMC 接口、1 个 NVIC、1 个 EXTI（支持 19 个外部中断 / 事件请求）、2 个 DMA（支持 12 个通道）、1 个 RTC、2 个 16 位基本定时器、4 个 16 位通用定时器、2 个 16 位高级定时器、1 个独立看门狗、1 个窗口看门狗、1 个 24 位 SysTick、2 个 I^2C、5 个串口（包括 3 个同步串口和 2 个异步串口）、3 个 SPI、2 个 I^2S（与 SPI2 和 SPI3 复用）、1 个 SDIO 接口、1 个 CAN 总线接口、1 个 USB 接口、51 个通用 I/O 接口、3 个 12 位 ADC（可测量 16 个外部和 2 个内部信号源）、2 个 12 位 DAC、1 个内置温度传感器、1 个串行 JTAG 调试接口。

基于 STM32 微控制器可以开发多种产品，如智能小车、无人机、电子体温枪、电子血压计、血糖仪、胎心多普勒、监护仪、呼吸机、智能楼宇控制系统、汽车控制系统等。

---

① 通常 STM32 微控制器工作在一定电压（5V）下，可用电流的大小表示其功耗。

2.4　STM32核心板电路简介

本节将详细介绍 STM32 核心板的各电路模块，以便读者更好地理解后续原理图设计和 PCB 设计的内容。

2.4.1　通信–下载模块接口电路

编写完程序后，需要通过通信–下载模块将 .hex（或 .bin）文件下载到 STM32 核心板中。通信–下载模块向上与计算机连接，向下与 STM32 核心板连接，通过计算机上的 STM32 下载工具（如 mcuisp 软件），就可以将程序下载到 STM32 核心板中。通信–下载模块除了具备程序下载功能，还担任着"通信员"的角色，即通过通信–下载模块实现计算机与 STM32 核心板之间的通信。此外，通信–下载模块还为 STM32 核心板提供 5V 电压。注意，通信–下载模块既可以输出 5V 电压，也可以输出 3.3V 电压，本书中的实验均要求在 5V 电压环境下实现，因此，在连接通信–下载模块与 STM32 核心板时，需要将模块的电源输出开关拨到 5V 挡位。

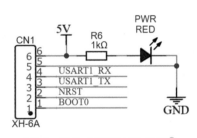

图2-6　通信–下载模块接口电路①

通信–下载模块接口电路如图 2-6 所示，STM32 核心板通过一个 XH-6A 母座连接到通信–下载模块，通信–下载模块再通过 USB 线连接到计算机的 USB 接口。STM32 核心板只要通过通信–下载模块连接到计算机，标识为 PWR 的红色 LED 就会处于点亮状态。R6 电阻起到限流的作用，防止红色 LED 被烧坏。

由图 2-6 可以看出，通信–下载模块接口电路有 6 个引脚，引脚说明如表 2-1 所示。

表2-1　通信–下载模块接口电路引脚说明

引脚序号	引脚名称	引脚说明	备　　注
1	BOOT0	启动模式选择 BOOT0	STM32 核心板 BOOT1 固定为低电平
2	NRST	STM32 复位	
3	USART1_TX	STM32 的 USART1 发送端	连接通信–下载模块的接收端
4	USART1_RX	STM32 的 USART1 接收端	连接通信–下载模块的发送端
5	GND	接地	
6	5V	电源输入	5V 供电，为 STM32 核心板提供电源

2.4.2　电源转换电路

图 2-7 所示为 STM32 核心板的电源转换电路，其功能是将 5V 输入电压转换为 3.3V 输出电压。通信–下载模块接口电路的 5V 电源与 STM32 核心板电路的 5V 电源网络相连接，

---

① 书中采用的模块电路图截取自附录 A 中的原理图，为了方便读者操作，全书保持一致，其中部分元件符号与国标有出入，特此说明。

二极管 D1（SS210）的功能是防止反向供电，二极管上会产生约 0.4V 的正向电压差，因此，低压差线性稳压电源 U1（AMS1117-3.3）的输入端（VIN）电压不是 5V，而是 4.6V 左右。经过 U1 的降压，在其输出端（VOUT）产生 3.3V 的电压。为了调试方便，在电源转换电路中设置了 5V 电压测试点。

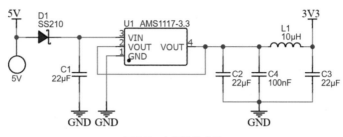

图2-7　电源转换电路

2.4.3　JTAG/SWD调试接口电路

J-Link 和 ST-Link 仿真－下载器既可以下载程序，还可以对 STM32 微控制器进行在线调试。STM32 核心板的 JTAG/SWD 调试接口电路如图 2-8 所示，这里采用了标准的 JTAG 接法，这种接法兼容 SWD 接口，因为 SWD 接口只有 4 个引脚（SWCLK、SWDIO、VCC 和 GND）。注意，STM32 核心板通过该接口电路为 J-Link 或 ST-Link 仿真－下载器提供 3.3V 的电源，但不能通过 J-Link 或 ST-Link 仿真－下载器向 STM32 核心板供电。

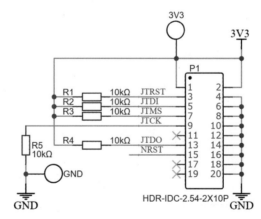

图2-8　JTAG/SWD调试接口电路

由于 SWD 接口只有 4 个引脚，因此，在进行产品设计时，建议使用 SWD 接口，这样就可以节省很多引脚。尽管 J-Link 和 ST-Link 仿真－下载器既可以下载程序，也能进行在线调试，但是无法实现 STM32 微控制器与计算机之间的通信。因此，在设计产品时，除了保留 SWD 接口，还建议保留通信－下载接口。

2.4.4　独立按键电路

STM32 核心板上有 3 个独立按键，分别为 SW1、SW2 和 SW3，独立按键电路如图 2-9

所示。每个按键都与一个电容并联，且通过一个 10kΩ 电阻连接到 3.3V 电源网络。按键未按下时，输入 STM32 微控制器的电压为高电平；按键按下时，输入 STM32 微控制器的电压为低电平。KEY1、KEY2 和 KEY3 网络分别连接到 STM32 核心板的 PC1、PC2 和 PA0 引脚上。

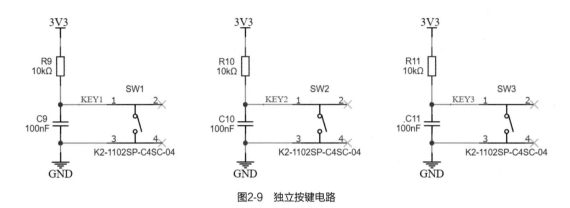

图2-9　独立按键电路

2.4.5　复位按键电路

复位按键电路如图 2-10 所示，NRST 引脚通过一个 10kΩ 电阻连接到 3.3V 电源网络，因此，用于复位的引脚在默认状态下为高电平，只有当复位按键按下时，NRST 引脚才为低电平，此时 STM32 核心板进行一次系统复位。

2.4.6　OLED显示屏模块接口电路

OLED 显示屏模块接口电路外接一个 OLED 显示屏，可以进行数据显示。OLED 显示屏模块接口电路如图 2-11 所示，该接口电路为 OLED 显示屏提供 3.3V 的电源。

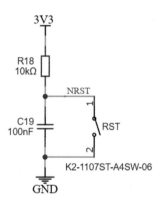

图2-10　复位按键电路

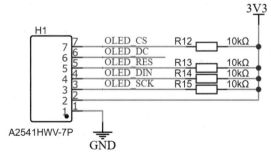

图2-11　OLED显示屏模块接口电路

OLED 显示屏模块接口电路的引脚说明如表 2-2 所示，其中 OLED_DIN（SPI2_MOSI）、OLED_SCK（SPI2_SCK）、OLED_DC（PC3）、OLED_RES（SPI2_MISO）和 OLED_CS

（SPI2_NSS）分别连接到 STM32 核心板的 PB15、PB13、PC3、PB14 和 PB12 引脚。

表2-2　OLED显示屏模块接口电路的引脚说明

引脚序号	引脚名称	引脚说明	备　注
1	GND	接地	
2	VCC	电源输出	为 OLED 显示屏提供电源
3	OLED_SCK	OLED 串行时钟线	
4	OLED_DIN	OLED 串行数据线	
5	OLED_RES	OLED 硬复位	
6	OLED_DC	OLED 命令 / 数据标志	0—命令；1—数据
7	OLED_CS	OLED 片选信号	

2.4.7　晶振电路

STM32 微控制器具有非常强大的时钟系统，除了内置高精度和低精度的时钟系统，还可以通过外接晶振，为 STM32 微控制器提供高精度和低精度的时钟系统。外接晶振电路如图 2-12 所示，其中 X1 为 8MHz 晶振，连接时钟系统的 HSE（外部高速时钟）；X2 为 32.768kHz 晶振，连接时钟系统的 LSE（外部低速时钟）。

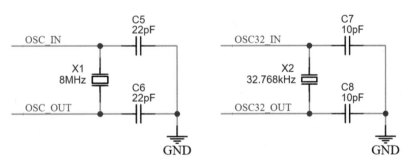

图2-12　外接晶振电路

2.4.8　LED电路

LED 电路如图 2-13 所示。LED1 为蓝色，LED2 为绿色，每个 LED 分别与一个 330Ω 电阻（用于分压限流）串联后连接到对应的引脚上。LED1 和 LED2 网络分别连接到 STM32 核心板的 PC4 和 PC5 引脚上。

2.4.9　STM32微控制器电路

图 2-14 所示的 STM32 微控制器电路是 STM32 核心板的核心部分，由 STM32 滤波电路、STM32 微控制器、启动模式选择电路组成。

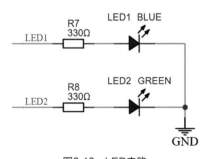

图2-13　LED电路

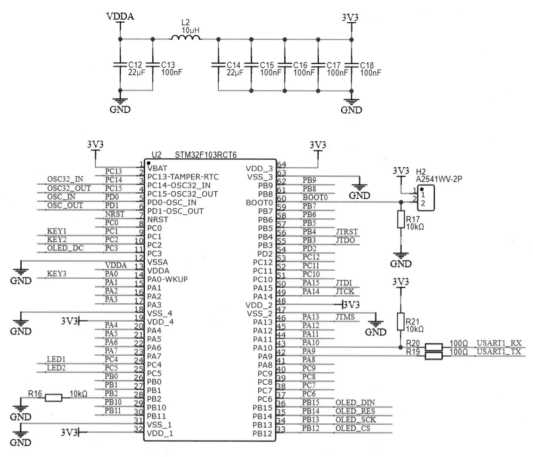

图2-14　STM32微控制器电路

电源网络一般都会有高频噪声和低频噪声，而大电容对低频有较好的滤波效果，小电容对高频有较好的滤波效果。STM32F103RCT6 芯片有 4 组数字电源 - 地引脚，分别为 VDD_1 与 VSS_1、VDD_2 与 VSS_2、VDD_3 与 VSS_3、VDD_4 与 VSS_4，还有一组模拟电源 - 地引脚，即 VDDA 与 VSSA。C15、C16、C17、C18 这 4 个电容用于滤除数字电源引脚上的高频噪声，C14 用于滤除数字电源引脚上的低频噪声，C13 用于滤除模拟电源引脚上的高频噪声，C12 用于滤除模拟电源引脚上的低频噪声。为了达到良好的滤波效果，还需要在进行 PCB 布局时，尽可能将这些电容放置在对应的电源 - 地回路之间，且布线越短越好。

BOOT0 引脚（60 号引脚）为 STM32F103RCT6 芯片启动模块选择接口，当 BOOT0 引脚为低电平时，系统从内部 Flash 启动。因此，默认情况下，H2 排针不需要插跳线帽。

2.4.10　外扩引脚电路

STM32F103RCT6 芯片共有 51 个通用 I/O 接口，分别对应引脚 PA0 ~ PA15、PB0 ~ PB15、PC0 ~ PC15、PD0 ~ PD2。其中，PC14、PC15 引脚连接外部的 32.768kHz 晶振，PD0、PD1 引脚连接外部的 8MHz 晶振。其余 47 个通用 I/O 接口通过 J1、J2、J3 排针引出。外扩引脚电路如图 2-15 所示。

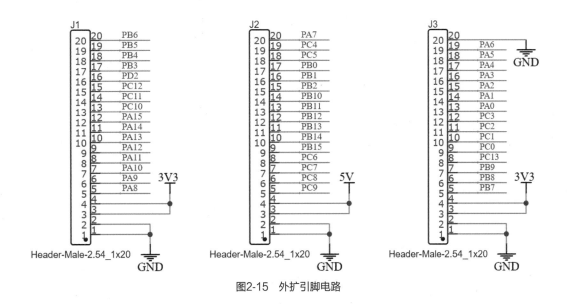

图2-15　外扩引脚电路

读者可以通过 J1、J2、J3 这 3 组排针自由扩展外设。此外，这 3 组排针还包含 3.3V、5V 电源和接地（GND），这样就可以直接通过 STM32 核心板对外设进行供电，大大降低了系统的复杂度。因此，利用这 3 组排针可以提高 STM32 核心板的利用率。

2.5　基于STM32核心板可以开展的实验

基于 STM32 核心板可以开展的实验非常丰富，这里仅列出具有代表性的 22 个实验，如表 2-3 所示。

表2-3　STM32核心板可以开展的部分实验清单

序　　号	实验名称	序　　号	实验名称
1	流水灯实验	12	OLED 显示实验
2	按键输入实验	13	RTC 实时时钟实验
3	串口实验	14	ADC 实验
4	外部中断实验	15	DAC 实验
5	独立看门狗实验	16	DMA 实验
6	窗口看门狗实验	17	I^2C 实验
7	定时器中断实验	18	SPI 实验
8	PWM 输出实验	19	内部 Flash 实验
9	输入捕获实验	20	操作系统系列实验
10	内部温度检测实验	21	内存管理实验
11	待机唤醒实验	22	调试串口助手实验

本章任务

重点掌握 STM32 核心板的电路原理，以及每个电路模块的功能。

本章习题

1. 简述 STM32 与 ST 公司和 ARM 公司的关系。

2. 通信－下载模块接口电路中的电阻（R6）起什么作用？该电阻阻值的选取标准是什么？

3. 电源转换电路中的 5V 电源网络能否使用 3.3V 电压？请解释原因。

4. 电源转换电路中，二极管上的压差为什么不是一个固定值？这个压差的变化有什么规律？请结合 SS210 的数据手册进行解释。

5. 什么是低压差线性稳压电源？请结合 AMS1117-3.3 的数据手册，简述低压差线性稳压电源的特点。

6. 低压差线性稳压电源的输入端和输出端均有电容（C1、C2、C4），请问这些电容的作用是什么？

7. 电路板上的测试点有什么作用？哪些位置需要添加测试点？请举例说明。

8. 电源转换电路中的电感（L1）和电容（C3）起什么作用？

9. 独立按键电路中的电容起什么作用？

10. 独立按键电路为什么要通过一个电阻连接 3.3V 电源网络？为什么不直接连接 3.3V 电源网络？

第 **3** 章

基于 STM32 核心板的电路设计与制作流程

电路设计与制作是每个电子相关专业，如电子信息工程、光电工程、自动化、电子科学与技术、生物医学工程等必须掌握的技能。本章将详细介绍基于 STM32 核心板的电路设计与制作流程，帮助读者对电路设计与制作的整个过程建立总体的认识。

3.1 电路设计与制作流程

传统的电路设计与制作流程一般分为 8 个步骤：① 需求分析；② 电路仿真；③ 绘制元件原理图符号；④ 绘制原理图；⑤ 绘制元件 PCB 封装；⑥ 设计 PCB；⑦ 导出生产文件；⑧ 制作电路板。具体如表 3-1 所示。

表3-1 传统的电路设计与制作流程

步　　骤	流　　程	具体工作
1	需求分析	按照需求，设计电路原理图
2	电路仿真	使用电路仿真软件，对设计好的电路原理图的一部分或全部进行仿真，验证其功能是否正确
3	绘制元件原理图符号	绘制电路中使用到的元件原理图符号
4	绘制原理图	使用 EDA 软件绘制原理图，并进行电气规则检查
5	绘制元件 PCB 封装	绘制电路中使用到的元件 PCB 封装
6	设计 PCB	将原理图导入 PCB 设计环境中，对电路板进行布局和布线
7	导出生产文件	导出生产相关文件，包括 BOM、Gerber 文件、坐标文件
8	制作电路板	按照导出的文件进行电路板打样、贴片或焊接，并对电路板进行验证

这种传统流程更适合已经熟练掌握电路板设计与制作各项技能的工程师。而对初学者来说，要完全掌握这些技能，并最终设计、制作出一块电路板，不仅要有超强的耐力，坚持到最后一步，更要有严谨的作风，保证每一步都不出错。

在传统流程的基础上，本书做了如下改进：① 不求全面覆盖，例如跳过需求分析和电路仿真部分；② 增加了焊接部分，加强实践环节，让初学者对电路的理解更加深刻；③ 所有内容都聚焦于一块 STM32 核心板。

这样安排的好处是，每一步都能很容易完成，而这种成就感会激发初学者的兴趣，引导其迈向下一步；聚焦于一块 STM32 核心板，便于初学者能迅速地学以致用。

本书以 STM32 核心板为硬件载体，将电路设计与制作流程分为 7 个步骤，具体如表 3-2 所示。

表3-2　本书电路设计与制作流程

步　骤	流　程	具体工作	章　节
1	设计原理图	参照本书提供的 PDF 格式的 STM32 核心板电路图，用嘉立创 EDA 软件绘制 STM32 核心板原理图	第 4 章
2	设计 PCB	将原理图导入 PCB 设计环境中，对 STM32 核心板电路进行布局和布线	第 5 章
3	导出生产文件	导出生产相关的文件，包括 BOM、Gerber 文件和坐标文件	第 6 章
4	制作电路板	按照导出的文件进行 STM32 核心板打样和贴片，并对电路板进行验证	第 7 章
5	准备物料和工具，焊接 STM32 核心板	准备焊接相关的工具及 STM32 核心板所需元件。分步焊接电子元件，边焊接边测试验证	第 8 章
6	程序下载与验证	向 STM32 核心板下载程序，验证核心板是否正常工作	第 9 章
7	创建元件原理图符号和 PCB 封装	掌握创建元件原理图符号和 PCB 封装的步骤	第 10 章

3.2　本书提供的资料包

本书配套资料包（《电路设计与制作实用教程——基于嘉立创 EDA》资料包）可以通过微信公众号"卓越工程师培养系列"提供的链接进行下载。

资料包由若干文件夹组成，如表 3-3 所示。

表3-3　资料包中文件夹清单

序　号	文件夹名称	文件夹介绍
1	Datasheet	存放了 STM32 核心板所需元件的数据手册，便于读者进行查阅
2	PDFSchDoc	存放了 STM32 核心板的 PDF 格式原理图
3	PPT	存放了各章的 PPT 讲义
4	ProjectStepByStep	存放了布线过程中各个关键步骤的彩图
5	SoftWare	存放了本书中使用到的软件，如 mcuisp、SSCOM、CH340 驱动软件、ST-Link 驱动软件等
6	STM32KeilProject	存放了 STM32 核心板的嵌入式工程（基于 MDK 软件）
7	Video	存放了本书配套的视频教程

3.3　本书配套开发套件

本书配套的 STM32 核心板开发套件（可以通过微信公众号"卓越工程师培养系列"提供的链接获取）由 1 个通信 - 下载模块、1 块 STM32 核心板、1 条 Mini-USB 线、1 条

XH-6P 双端线、1 套 ST-Link 仿真 – 下载器（1 个 ST-Link 仿真 – 下载器、1 条 20P 灰排线、1 条 Mini-USB 线）、3 块 STM32 核心板的 PCB 空板组成，如表 3-4 所示。

表3-4　STM32核心板开发套件

序　号	物品名称	物品图片	数　量	单　位	备　注
1	通信 – 下载模块		1	个	用于程序下载，实现核心板与计算机之间通信
2	STM32 核心板		1	块	电路设计与制作的最终实物
3	Mini-USB 线		1	条	一端连接通信 – 下载模块，另一端连接 ST-Link 仿真 – 下载器
4	XH-6P 双端线		1	条	一端连接通信 – 下载模块，另一端连接 STM32 核心板
5	ST-Link 仿真 – 下载器 20P 灰排线 Mini-USB 线		1	套	用于程序下载和调试
6	PCB 空板		3	块	用于焊接训练

本章任务

熟悉 STM32 核心板的电路设计与制作流程；下载本书配套的资料包，准备好配套的开发套件。

本章习题

1. 简述本书提出的电路设计与制作流程。

2. 通信 – 下载模块的功能有哪些？

3. ST-Link 仿真 – 下载器可以给 STM32 核心板供电吗？

第4章

STM32 核心板原理图设计

在电路设计与制作过程中，原理图设计是整个电路设计的基础。如何通过嘉立创 EDA 将 STM32 核心板的电路用工程表达方式呈现出来，使电路符合需求和规则，是本章要完成的任务。通过本章的学习，读者将能够完成整个 STM32 核心板原理图的绘制，为后续设计 PCB 打下基础。

4.1 原理图设计流程

STM32 核心板的电路原理图设计流程如图 4-1 所示。

4.2 新建工程

登录嘉立创 EDA 主页，进入编辑器界面，单击"新建工程"按钮，如图 4-2 所示。或在图 1-3 所示的编辑器界面执行菜单栏命令"文件"→"新建"→"工程"。

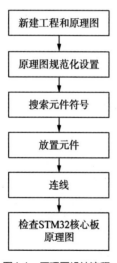

图4-1 原理图设计流程

图4-2 新建工程步骤1

打开"新建工程"对话框，在"标题"栏中输入工程名称：STM32CoreBoard；可以在"描述"栏中添加工程的相关描述，如图 4-3 所示。然后，单击"保存"按钮，完成工程的创建。

图4-3　新建工程步骤2

在编辑器界面左侧的"工程"标签页中可以看到新建的工程，如图 4-4 所示。

重命名原理图，如图 4-5 所示，右键单击 Sheet_1，在快捷菜单中选择"修改"命令。

图4-4　完成新建工程　　　　　　　　　　图4-5　重命名原理图步骤1

在"修改文档信息"对话框中，将标题修改为 STM32CoreBoard，还可根据个人需求添加相关描述。然后，单击"确定"按钮，完成原理图重命名，如图 4-6 所示。

图4-6　重命名原理图步骤2

原理图设计界面如图 4-7 所示。

所有工程文件都需要进行版本管理，工程文件版本按照一定的命名规则保存，可避免发生版本丢失或混淆，也有助于工程的更新迭代。本书的工程文件版本命名格式为"工程名称＋版本号＋日期＋字母版本号（可选）"，例如，STM32CoreBoard-V1.0.0-20230808

表示工程名称为 STM32CoreBoard，版本为 V1.0.0，修改日期为 2023 年 8 月 8 日；又如，STM32CoreBoard-V1.0.0-20230808B 表示 2023 年 8 月 8 日修改了 3 次（第一次修改后的文件名为 STM32CoreBoard-V1.0.0-20230808，第二次为 STM32CoreBoard-V1.0.0-20230808A）；再如，STM32CoreBoard-V1.0.2-20230808 表示电路板已打样 3 次（第一次打样的版本号为 V1.0.0，第二次为 V1.0.1，第三次为 V1.0.2）。

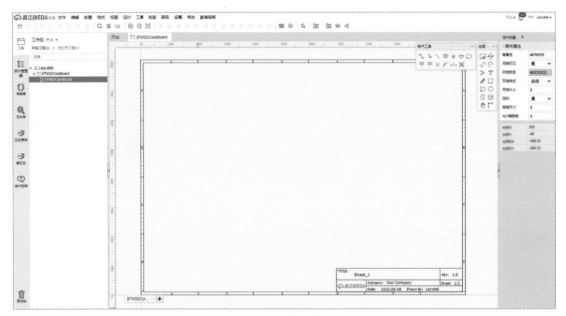

图4-7 原理图设计界面

简单总结如下：工程文件版本的命名由工程名称、版本号、日期和字母版本号（可选）组成。其中"工程名称"的命名应与电路板的内容相关，做到"顾名思义"。"版本号"从 V1.0.0 开始，每次打样后版本号加 1。电路板稳定后的发布版本只保留前两位，例如，V1.0.2 版本经过测试稳定后，在电路板发布时将版本号改为 V1.0。"日期"为工程修改或完成的日期，如果一天内经过了若干次修改，则通过"字母版本号（可选）"进行区分。

下面介绍修改工程名称和版本管理的操作方法。右键单击工程名称 STM32CoreBoard，在右键快捷菜单中选择"工程管理"→"编辑"命令，如图 4-8 所示。

在图 4-9 所示界面中，可以修改"工程名称"，还可在"工程描述"中添加工程修改的内容，最后单击"保存"按钮。

图4-8 修改工程名称步骤1

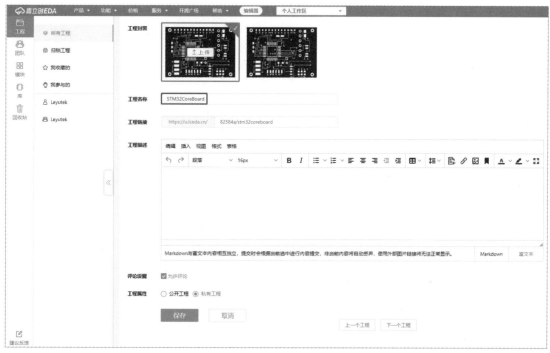

图4-9　修改工程名称步骤2

回到原理图设计环境下，右键单击工程名称，在右键快捷菜单中选择"刷新列表"命令刷新当前页面，如图 4-10 所示，即可更新工程名称。

右键单击工程名称 STM32CoreBoard，在右键快捷菜单中选择"版本"→"版本管理"命令，如图 4-11 所示。

图4-10　修改工程名称步骤3

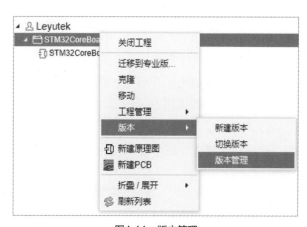

图4-11　版本管理

如图 4-12 所示，在"版本"栏中可以看到版本列表，默认版本名称为 master，单击 ✎ 按钮可修改版本名称。

图4-12　修改版本名称步骤1

打开"编辑版本记录"对话框，如图4-13所示，将"版本名称"修改为V1.0.0-20230808，也可在"描述"栏中添加当前版本的相关描述。最后，单击"修改"按钮，即可完成修改版本名称。

图4-13　修改版本名称步骤2

如果当工程文件需要修改或更新，则保留原有版本，建立新版本，这样可以对工程文件进行追溯。右键单击工程名称STM32CoreBoard，在右键快捷菜单中选择"版本"→"新建版本"命令，如图4-14所示。

打开"创建新版本"对话框，如图4-15所示，在"名称"栏中输入新的版本号和日期，同时在"描述"栏中添加当前版本修改的内容，最后单击"创建"按钮。

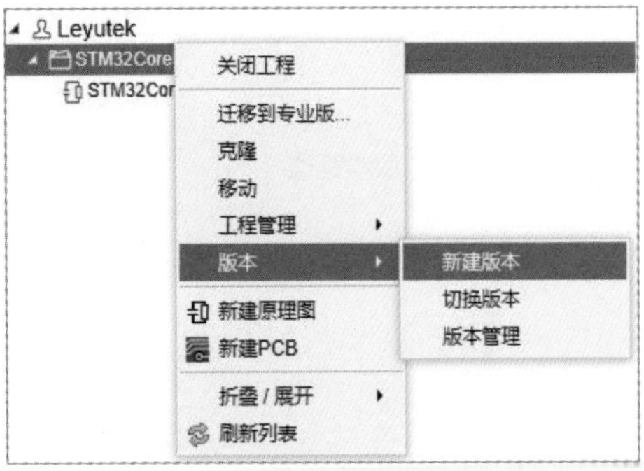

图4-14　新建版本步骤1　　　　　　　　　　　　　图4-15　新建版本步骤2

然后，右键单击工程名称 STM32CoreBoard，在右键快捷菜单中选择"版本"→"切换版本"命令，如图 4-16 所示。

打开"切换版本"对话框，如图 4-17 所示，可以选择编辑不同版本的工程文件。例如，选择 V1.0.1-20231001 版本。然后，单击"切换"按钮。

图4-16　切换版本步骤1　　　　　　　　　图4-17　切换版本步骤2

如果没有提前关闭当前版本的所有文档，在切换过程中系统会弹出"警告"对话框，如图 4-18 所示。关闭所有文档后，再次执行切换版本步骤 1 和步骤 2，即可完成版本切换，如图 4-19 所示。

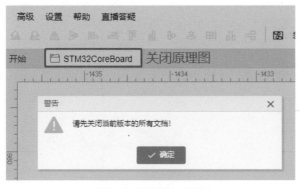

图4-18　切换版本步骤3　　　　　　　　　图4-19　切换版本步骤4

4.3　原理图设计环境设置

在绘制原理图之前，需要先设置原理图设计界面（见图 4-7）。依次设置：①网格大小和栅格尺寸；②画布规格；③ Title Block。

4.3.1　设置网格大小和栅格尺寸

网格大小是用于标识间距和校准元件符号的线段。使用网格便于将元件摆放整齐。

栅格尺寸是指光标移动时的步进距离。使用栅格便于使元件与布线对齐。栅格尺寸的数值越小，元件和布线移动的步进距离就越小，即越精准。

Alt 键栅格是指按下 Alt 键的同时移动元件时的步进距离。设置合适的网格大小和栅格尺寸，有助于在设计原理图时将元件摆放整齐、美观，便于连线操作。

系统默认的原理图"网格大小"和"栅格尺寸"均为 5，这里均设置为 10；"Alt 键栅格"保持默认值 5，如图 4-20 所示。

图4-20　设置网格大小和栅格尺寸

4.3.2　设置画布规格

系统默认的画布规格为 A4，可以先选中画布边框，按 Delete 键删除原有画布，再单击"绘图工具"面板中的 按钮，打开"图纸设置"对话框，"文档尺寸"选择 A3，如图 4-21 所示。或者单击选中画布，在"表格属性"面板中设置"纸张大小"为 A3，如图 4-22 所示。

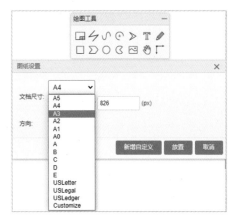

图4-21　设置画布规格方法1

图4-22　设置画布规格方法2

4.3.3　设置Title Block

在 Title Block 中双击文本即可修改相应的信息，如标题名称、版本、公司信息、日期和作者等。例如，双击文本 Sheet_1，在弹出的文本框中输入 STM32CoreBoard，如图 4-23 所示，即可修改标题名称。将 REV（版本号）修改为 1.0.0；Sheet 和 Date 保持系统默认设置；在 Drawn By 处输入作者名，设置完成后如图 4-24 所示。

选中 Title Block 中的文本，在原理图设计界面右侧的"文本属性"面板中可以修改文本的字体、字体大小、颜色等属性，如图 4-25 所示。

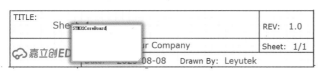

图4-23　设置Title Block

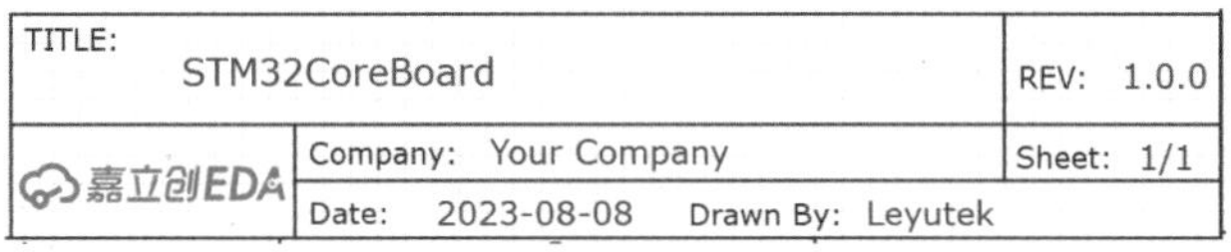

图4-24　设置Title Block完成

图4-25　修改Title Block文本属性

单击"绘图工具"面板中的 🖾 按钮，可以向 Title Block 导入图片。如图 4-26 所示，在"图片属性"对话框中，输入图片的网址，或者从本地计算机中选择一个图片文件，然后单击"确定"按钮。

图4-26　导入图片

4.4　快捷键介绍

嘉立创 EDA 提供了非常丰富的快捷键，每个快捷键的使用方法都可以通过执行菜单栏命令"设置"→"快捷键设置"查看，如图 4-27 所示。

打开"快捷键设置"对话框，可以看到列表中包含"所有快捷键""原理图快捷键"和"PCB 快捷键"（图 4-28 显示了其中一部分）。

列表中的快捷键都是可以重配置的，单击需要修改的选项，弹出

图4-27　查看快捷键

输入框后直接按下要设置的按键，然后单击"保存修改"按钮，即可完成快捷键设置，如图 4-29 所示。例如，要把"旋转所选图形"快捷键由 Space（空格）键改为 R 键，则单击"Space"按钮，当"快捷键"栏中出现文本输入框时，直接按下 R 键即可自动输入，然后单击"保存修改"按钮，完成重配置。

图4-28　快捷键列表

图4-29　快捷键重配置

4.5　放置元件

在原理图设计中，存放元件的库有常用库和元件库。常用库包含了一些常用的基础元件，而本书使用的 STM32 核心板的电路原理图中的所有元件都从元件库中获取。下面以图 2-8 所示的"JTAG/SWD 调试接口电路"为例，介绍如何从元件库中获取元件。

按快捷键 Shift+F，或单击原理图设计界面左侧的 ![元件库] 按钮，打开"元件库"对话框，如图 4-30 所示。

图4-30　元件库

下面以搜索 10kΩ、0603 封装的电阻为例，介绍如何搜索及选择元件。

方法一：如图 4-31 所示，先将搜索条件限定为"嘉立创 EDA""符号"及"立创商城"，然后在搜索栏中输入"10kΩ 0603"进行搜索。

图4-31　搜索10kΩ 0603电阻方法1

　　搜索结果如图 4-32 所示，符合条件的元件非常多，可根据实际需求进行选择。例如，单击选中其中一个元件，在对话框右侧可以看到元件的原理图符号、PCB 封装和实物图；在最下面可以看到元件单价、立创商城库存和嘉立创贴片库存情况。注意，立创商城和嘉立创的元件是独立的（库存和价格都是独立的），所以立创商城有库存的元件可能在嘉立创没有库存。立创商城的元件也可能无法在嘉立创贴片，具体是否可贴片，可以查看元件是否有贴片标识 SMT，也可以在图 4-31 中将库别的搜索条件设置为"嘉立创贴片"。选出合适的元件后，单击"放置"按钮，然后在画布上单击即可放置该元件，如图 4-33 所示。删除元件的方法是：选中画布中的某个元件，按 Delete 键即可删除。

图4-32　筛选10kΩ 0603电阻

　　如图 4-34 所示，库别中有 4 种库，其中"立创商城"库与"系统库"为官方库；"嘉立创贴片"库是"立创商城"库的子集，是为了方便用户选择嘉立创可贴片元件而建立的一个库。在用户建立库文件或模块文件时，系统会将文件自动共享至"用户贡献"库中，库文件和模块文件共享并不会带来数据安全性问题，用户只需要关注私人工程及文档。

图4-33　放置元件

建议优先使用"立创商城"库与"系统库"，而使用"用户贡献"库时需仔细检查元件的原理图符号和 PCB 封装的正确性。

图4-34　库别

如图 4-35 所示，元件库分为基础库和扩展库。①基础库：嘉立创会囤货并且将元件固定在贴片机上，不轻易更换。纳入基础库的元件，都是使用频率非常高的型号。②扩展库：基础库以外的元件型号属于扩展库，由于贴片机上可以装元件的站位有限，而扩展库的物料需要生产采购、检查物料、接物料上飞达供料器和更换机上物料，因此会另外加收人工服务费。每年会将使用频率变低、型号升级、老型号停产的元件移出基础库，并从扩展库中选出替代型号。扩展库的元件也会不断更新，把立创商城内有销售，但嘉立创不可以贴片的元件增加到嘉立创可贴片列表内，同时也会下架一些停产、停售的元件。有些元件的"嘉立创库类别"栏为空白，表示嘉立创尚未支持该元件贴片。

标题(零件名称)	封装	值	嘉立创库类别	制造商
SY0603DE10KP	R0603	10kΩ		SANYEAR(登叶源)
HOAR0603-1/10W-10KR-0.1%-TCR25	R0603	10kΩ		Milliohm(毫欧)
AT0603FRE0710KL	R0603	10kΩ		YAGEO(国巨)
P0603E1002FBW	R0603	10kΩ		VISHAY(威世)
PLTU0603U1002LST5	R0603	10kΩ		VISHAY(威世)
0603WAF1002T5E	R0603	10kΩ	基础库	UNI-ROYAL(厚声)
ETCR0603F10K0K9	R0603	10kΩ	扩展库	RESI(励步睿思)
CRCW060310K0FKEA	R0603	10kΩ	扩展库	VISHAY(威世)
AT0603BRE0710KL	R0603	10kΩ	扩展库	YAGEO(国巨)

图4-35　元件库类别

方法二：将搜索条件限定为"立创商城"，在搜索栏中输入"10kΩ 0603"进行搜索，在搜索结果中进行筛选，如图 4-36 所示。设置筛选条件为"smt 基础库""0603"和"贴片电阻"，单击"应用筛选"按钮，在筛选结果中选择合适的元件，然后单击"放置在画布"按钮。

图4-36　搜索10kΩ 0603电阻方法2

方法三：若已知某元件的立创商城编号，则可直接搜索。如图 4-37 所示，在搜索栏中输入"C25804"后按回车键，即可搜索出对应的元件。

图4-37　搜索10kΩ 0603电阻方法3

STM32 核心板元件的立创商城编号如表 4-1 所示。

表4-1　STM32核心板元件的立创商城编号

序	元件编号	元件名称	PCB封装	数量	可替换元件编号			元件选型参数参考
1	C14663	贴片电容 100nF，±10%	C 0603	10	C1590	C1591	C66501	① 100nF，±10%；② 0603 封装；③电容耐压值要达到电路电压的 2 倍或更多。例如 5V 电源上的电容耐压值要选择 ≥ 10V 的
2	C45783	贴片电容 22μF，±20%	C 0805	5	C602037	C98190	C29277	① 22μF，±20%；② 0805 封装；③电容耐压值要达到电路电压的 2 倍或更多
3	C1653	贴片电容 22pF，±5%	C 0603	2	C519390	C561800	C105620	① 22pF，±5%；② 0603 封装；③电容耐压值要达到电路电压的 2 倍或更多
4	C1634	贴片电容 10pF，±5%	C 0603	2	C32949	C106245	C91367	① 22pF，±5%；② 0603 封装；③电容耐压值要达到电路电压的 2 倍或更多

续表

序	元件编号	元件名称	PCB封装	数量	可替换元件编号			元件选型参数参考
5	C14996	肖特基二极管 SS210	SMA （DO-214AC）	1	C1884570	C727058	C5200093	①计算机上的 USB 2.0 接口输出电压为直流 5V，最大输出电流为 500mA；也可选 SS14（电压 40V，电流 1A）； ② SMA 封装
6	C50981	直插排针 单排 20P	插件，2.54mm	3	C429964	C7501271	C2337	① 2.54mm 间距； ②直插单排排针； ③ 20P（可选 40P，掰断为 2 个 20P）
7	C70009	XH-6A 母座	插件，2.5mm	1	C2908604	C5663	C722879	① 2.5mm 间距； ②直插； ③ 6P
8	C225477	直插排针 单排 2P	插件，2.54mm	1	C2829889	C492401	C124375	① 2.54mm 间距； ②直插单排排针； ③ 2P（可选 ≥ 2P，掰断为 2P）
9	C225504	直插排母 单排 7P	插件，2.54mm	1	C2832270	C2932672	C124418	① 2.54mm 间距； ②直插单排排母； ③ 7P
10	C3405	简牛 直插 2×10P	插件，2.54mm	1	C492444	C429961	C2829918	① 2.54mm 间距； ②直插； ③ 2×10P
11	C127509	贴片轻触开关 6mm×6mm×5mm	SMD	3	C7471832	C5213688	C5260478	①贴片； ② 6mm×6mm×5mm
12	C1035	贴片电感 10μH，±10%	L 0603	2	C109083	C127280	C963797	① 10μH，±10%； ② 0603 封装
13	C84259	蓝色发光二极管	LED 0805	1	C434433	C192320	C965819	0805 封装
14	C84260	绿色发光二极管	LED 0805	1	C142303	C192319	C389524	0805 封装
15	C84256	红色发光二极管	LED 0805	1	C434431	C113551	C86865	0805 封装
16	C25804	贴片电阻 10kΩ，±1%	R 0603	16	C98220	C115324	C116677	① 10kΩ，±1%； ② 0603 封装
17	C22775	贴片电阻 100Ω，±1%	R 0603	2	C105588	C115420	C125923	① 100Ω，±1%； ② 0603 封装
18	C21190	贴片电阻 1kΩ，±1%	R 0603	1	C22548	C115325	C116692	① 1kΩ，±1%； ② 0603 封装
19	C23138	贴片电阻 330Ω，±1%	R 0603	2	C105881	C125768	C144668	① 330Ω，±1%； ② 0603 封装

续表

序	元件编号	元件名称	PCB封装	数量	可替换元件编号			元件选型参数参考
20	C118141	轻触开关 3.6mm × 6.1mm × 2.5mm 白头	SMD	1	C5159017	C5159016	C520860	3.6mm × 6.1mm × 2.5mm
21	C8323	微控制器 STM32F103RCT6	LQFP-64	1	/	/	/	/
22	C6186	线性稳压器 AMS1117-3.3	SOT-223	1	C347222	C347256	C173386	① AMS1117-3.3; ② SOT-223
23	C12674	贴片晶振 8MHz	HC-49SMD	1	C2901750	C2681235	C655077	① 8MHz, $\pm 2 \times 10^{-5}$MHz; ② 负载电容 20pF; ③ HC-49SMD
24	C32346	贴片晶振 32.768kHz	SMD3215-2P	1	C2842180	C521573	C655072	① 32.768kHz, $\pm 2 \times 10^{-5}$kHz; ② 负载电容 12.5pF; ③ SMD3215-2P

在设计原理图时，建议选择库存充足的元件，以避免后期出现因库存不足无法采购、需要长时间订购或需要替换元件的情况；同时需要了解元件的价格，方便估算和控制成本。

在原理图中放置元件，为方便连线、减少错误的发生，以及考虑到美观性，元件引脚应放置在格点上，如图 4-38 所示。将网格大小和栅格尺寸设置为相同的数值（本书设置为 10），可以避免出现如图 4-39 中左图所示的情况。

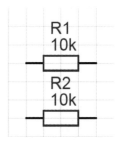

图4-38　放置元件

除了摆放元件，还需整齐摆放文本（包括元件位号和元件名称），如图 4-40 所示。在移动文本时按下 Alt 键，这样移动的步进距离为栅格大小 5。

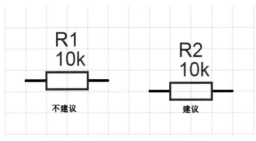

图4-39　将元件引脚放置在格点上

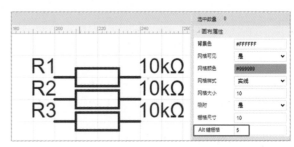

图4-40　摆放元件位号和元件名称

在"元件库"中搜索立创商城编号为 C3405 的简牛，如图 4-41 所示，然后放置到画布中。

JTAG/SWD 调试接口电路的元件全部放置完成后的效果如图 4-42 所示。选中元件，按空格键可以旋转元件，如将位号为 R5 的电阻旋转 90°。

图4-41　搜索C3405简牛

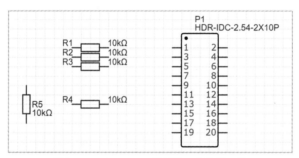

图4-42　JTAG/SWD调试接口电路的元件

在"常用库"的"电气标识符"栏中，或者在"电气工具"面板中选择"地"（GND）和"电源"（VCC），如图 4-43 所示，依次将 VCC 或 GND 放置在画布中。

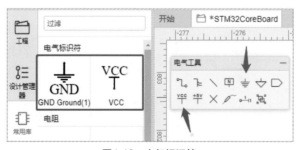

图4-43　电气标识符

在画布中单击选中元件 VCC，在"标识符"面板中将"名称"修改为 3V3，如图 4-44 所示。或者双击文本 VCC，然后在文本框中将名称修改为 3V3，如图 4-45 所示。

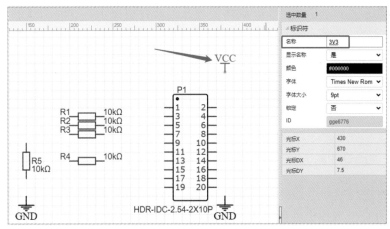

图4-44　重命名电源标识符名称方法1

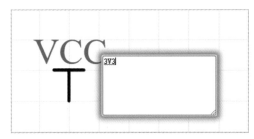

图4-45　重命名电源标识符名称方法2

JTAG/SWD 调试接口电路中的元件、地、电源放置完成后的效果如图 4-46 所示。

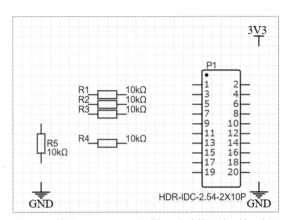

图4-46　放置JTAG/SWD调试接口电路的元件、地、电源

4.6　连线

　　元件之间的电气连接主要是通过导线来实现的。导线是指具有电气性质，用来连接元件电气点的连线，导线上的任意一点都具有电气性质。

　　在原理图设计界面中，单击"电气工具"面板中的 ⌐ 按钮进入连线模式。将指针移动

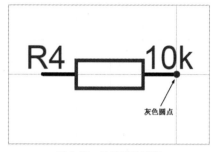

图4-47　连接元件引脚

到需要连接的元件引脚上，这时引脚的端点处将出现一个灰色圆点，单击即可放置导线的起点，如图 4-47 所示。移动指针到需要连接的引脚，在引脚的端点处即出现一个灰色圆点，单击即可完成两个引脚之间的连接。此时指针仍处于连线模式，重复上述操作可继续连接其他引脚；右键单击空白处或按 Esc 键，即可退出连线模式。注意，元件引脚之间须由导线来连接，不要将两个引脚直接相连。

JTAG/SWD 调试接口电路的导线连接完成后的效果如图 4-48 所示。在导线十字或 T 形交叉连接的地方会出现一个红色圆点。注意，P1 的 2 号与 4 号引脚分别连接 3V3 和 GND 网络，不要误操作将 2 号与 4 号引脚连在一起（导致电源和地短路）。

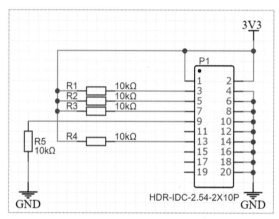

图4-48　导线连接完成

"网络标签"实际上也是一个电气连接点，具有相同网络标签的导线是连接在一起的。使用网络标签可以避免电路中出现较长的连线，从而使电路原理图可以清晰地表示电路连接的脉络。

单击"电气工具"面板中的 按钮，按 Tab 键，在弹出的"属性"对话框中修改网络标签名称，如图 4-49 所示，然后单击"确定"按钮。

网络标签与导线连接上后，会出现一个十字符号，如图 4-50 所示。

图4-49　修改网络标签名称

图4-50　放置网络标签

双击已有的网络标签，可以在弹出的文本框中输入新的网络标签名称，如图4-51所示。

图4-51　修改网络标签名称

JTAG/SWD 调试接口电路的网络标签放置完成后的效果如图 4-52 所示。

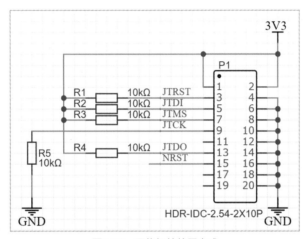

图4-52　网络标签放置完成

在 JTAG/SWD 调试接口电路中，简牛（P1）的 11、17 和 19 号引脚不需要连接任何网络或元件，这时要给悬空的引脚添加"非连接标志"。单击"电气工具"面板中的 × 按钮，将该符号放置在悬空引脚的端点上，如图 4-53 所示。

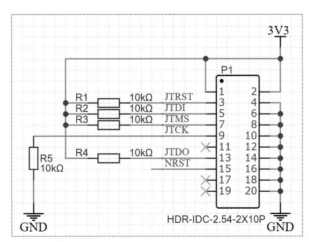

图4-53　添加"非连接标志"

为方便测试电源，给 3V3 和 GND 网络添加测试点，如图 4-54 所示。调试电路板时，万用表的红、黑表笔可以放在测试点上测量电压，无须放在元件引脚上进行测量。

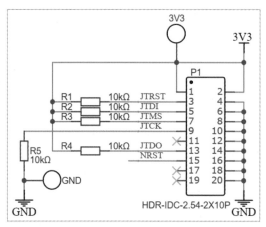

图4-54　添加测试点完成

在"元件库"中搜索并选择一个合适的测试点，如图 4-55 所示。

图4-55　添加测试点步骤1

把测试点分别放置在 3V3 和 GND 网络上，并分别修改两个测试点的元件属性，如图 4-56 所示，注意，测试点不需要加入 BOM。

每个原理图都由若干模块组成，在绘制原理图时，建议分模块绘制。这样绘制的优点是：①检查电路时可按模块逐个检查，提高了原理图设计的可靠性；②可以将模块复制到其他工程中，且经过验证的模块可以降低工程出错的概率。因此，进行原理图设计时，最好给每个模块添加模块名称。

图4-56　添加测试点步骤2

　　单击"绘图工具"面板中的 T 按钮，按 Tab 键，在弹出的"属性"对话框中输入电路模块名称"JTAG/SWD 调试接口电路"，如图 4-57 所示，然后单击"确定"按钮。添加完成后如图 4-58 所示。

图4-57　添加电路模块名称步骤1

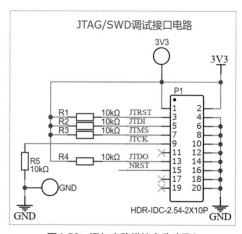

图4-58　添加电路模块名称步骤2

　　为了更好地区分各个电路模块，可将独立的模块用线框隔开。单击"绘图工具"面板中的 ✎ 按钮，在电路模块外围绘制线框，如图 4-59 所示。

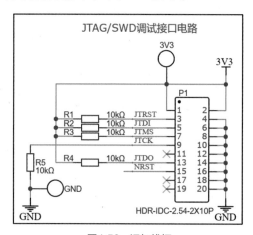

图4-59　添加线框

"JTAG/SWD 调试接口电路"只是 STM32 核心板的一部分，核心板的完整电路参见附录 A 中的"STM32 核心板原理图"，可根据该原理图完成 STM32 核心板的原理图绘制。

4.7 原理图检查

原理图设计完成后，需要检查原理图的电气连接特性。按快捷键 Ctrl+D，或单击原理图设计界面左侧的"设计管理器"按钮，在元件列表中检查元件是否都有 PCB 封装（元件编号后面括号内为 PCB 封装名称），如图 4-60 所示。

在原理图中定位元件的方法是：在元件列表中单击某一元件，系统将自动在原理图中定位该元件的位置。例如，在元件列表中单击 R1（R0603），定位电阻 R1，如图 4-61 所示。同时，在"设计管理器"的元件列表下方会显示电阻 R1 的引脚和所连接的网络，单击某一引脚即可定位该引脚。例如，单击"2：JTRST"，即可定位电阻 R1 的 2 号引脚，如图 4-62 所示。

图4-60 检查元件

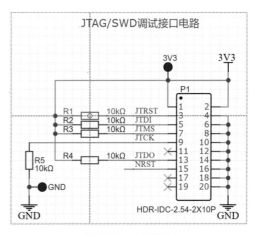

图4-61 定位元件

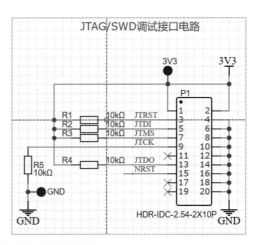

图4-62 定位元件引脚

在网络列表中列出了所有网络，如图 4-63 所示，这里会出现 3 种图标：网络正常图标▤、网络警告图标⚠和网络错误图标⊗。注意，若工程存在多页原理图，设计管理器会自动关联整个原理图的元件与网络信息；设计管理器内的文件夹不会自动刷新，需要单击 ↻ 按钮进行手动刷新。

网络正常：每个网络至少连接两个引脚，网络连接完整则显示▤图标。

网络警告：出现网络警告，通常是因为：①多个网络标签放在同一条导线上，此时需确认该情况属于正常设计需要，还是由误连接导致的短路，可以单击网络进行排查。②元件引脚悬空，没有放网络标签、非连接标志或未连接导线，元件隐藏的引脚没有连接到其他引脚，此时需修改连接或放置非连接标志。

网络错误：当网络标签悬空时会出现图标⊗，可以单击网络进行排查纠正。

在网络列表中单击网络，会在原理图上高亮显示对应的导线，导线高亮后会变为红色粗线。例如，单击 JTCK/PA14 网络，高亮显示的效果如图 4-64 所示，单击画布即可取消高亮显示。

图4-63　网络列表

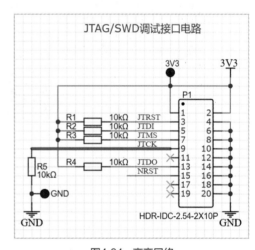

图4-64　高亮网络

4.8　原理图设计自查项

原理图设计完成后，应仔细检查，否则原理图设计有误将导致 PCB 设计有误。下面列举 STM32 核心板每个模块的一些常见错误，方便读者自查。

1. 通信–下载模块接口电路

① XH-6A 母座的线序接反。线序要结合元件原理图符号和 PCB 封装来确认。因为 STM32 核心板的 XH-6A 母座通过 XH-6P 双端线连接通信–下载模块的 XH-6A 母座，如图 4-65 所示，若线序没有一一对应，则需要调整 XH-6P 双端线。线序的判定如图 4-66 所示，XH-6A 母座放在 STM32 核心板的右上角位置，母座的卡槽朝向电路板外面，从左往右分别为 1 ~ 6 号引脚，1 号引脚连接 BOOT0（BT0），6 号引脚连接 5V 电源。另外，插件元件的 PCB 封装通常会将 1 号引脚的焊盘设置为方形，其余为圆形。

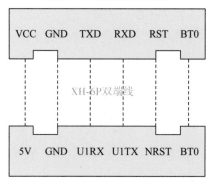

图4-65　XH-6A母座连接示意图

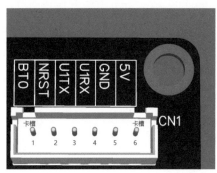

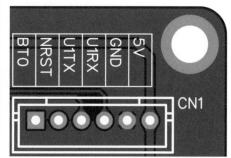

图4-66　XH-6A母座线序

② USART1_TX 和 USART1_RX 线序接反。接反会导致程序烧录失败，错误示例如图 4-67 所示。

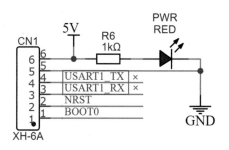

图4-67　错误示例

③ USART1_TX 和 USART1_RX 网络标签名称拼写错误。例如，将 USART1_TX 错误地写成 UASRT1_TX、USART_TX、Usart1_TX、USART1 TX 等。只有网络标签名称一模一样的网络才是相同的网络，包括字母大小写、字母个数、字母拼写顺序等。

④ BOOT0 网络标签名称拼写错误。例如，将 BOOT0 错误地写成 B00T0。

2. 电源转换电路（5V转3.3V）

① 未添加 5V 网络测试点。

② 5V 电源名称不一致。例如，同时出现 5V、+5V、5V、VCC 等名称。虽然 5V 和 +5V 字面意思一样，但这里表示两个不同的电源网络。

③ 电容的容值、型号错误。

④ AMS1117-3.3 芯片的 1 号和 2 号引脚连接错误。例如，误将两个引脚连在一起，导致短路，如图 4-68 所示。

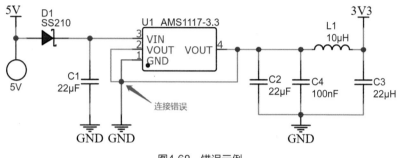

图4-68　错误示例

3. JTAG/SWD调试接口电路

① JTRST、JTDI 等网络名称拼写错误，且接错引脚。例如，JTRST 误写成 JRST，JTDO 误写成 JTD0 等。

② 未添加 3V3 和 GND 网络测试点。

③ 3.3V 电源名称不一致。例如，同时出现 3V3、3.3V、+3.3V、VCC 等名称。

④ 简牛的 2 号和 4 号引脚连接错误。例如，将 2 个引脚连在一起，导致短路，如图 4-69 所示。要检查 3V3 与 GND 网络是否短路，可查看设计管理器中的网络列表，如图 4-70 所示，当出现 ⚠GND/3V3 时，表示 3V3 与 GND 网络已短路，单击 ⚠GND/3V3，即可在原理图中高亮显示对应的网络，然后在高亮网络中查看是哪里的 3V3 和 GND 网络连在了一起，如图 4-71 所示。

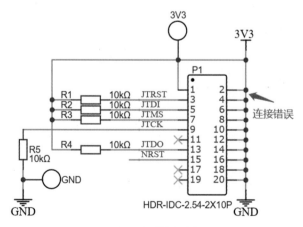

图4-69　错误示例

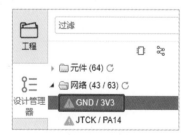

图4-70　设计管理器

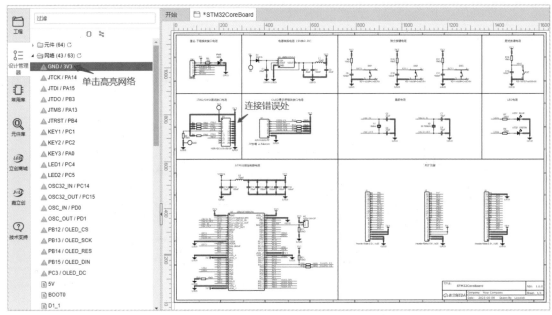

图4-71　高亮网络

⑤悬空的引脚没有添加"非连接标志"✕。

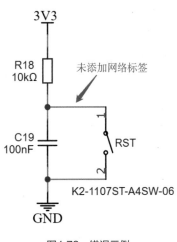

图4-72　错误示例

4. OLED显示屏模块接口电路

① OLED_RES 等网络名称拼写错误或不一致。例如，同时出现 OLED_RES 和 OLED RES 等网络名称。

② OLED_RES 等网络接错引脚，或接错线序。需要根据 OLED 显示屏模块的引脚来判定线序。

5. 独立按键电路和复位按键电路

① KEY1、KEY2 等网络名称拼写错误或不一致。例如，同时出现 KEY、key、Key 等网络名称。

② 未添加 KEY1、KEY2、KEY3、NRST 网络标签，错误示例如图 4-72 所示。还有一种情况是复制独立按键电路时，没有将自动递增的 KEY4 网络标签更改为 NRST，导致复位按键的引脚没有连接到 STM32，复位功能失效。

6. 晶振电路

① 电容容值、型号错误。两个晶振电路所使用的电容不同，错误示例如图 4-73 所示。

② OSC_IN、OSC32_IN 等网络名称拼写错误或不一致。

③ OSC_IN、OSC32_IN 等网络接错 STM32 引脚。

④ OSC_IN、OSC32_IN 等网络标签悬空，未置于导线上。常见的 4 种网络标签悬空错误示例如图 4-74 所示。

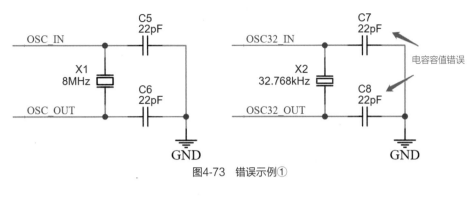

图4-73 错误示例①

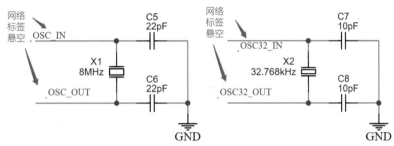

图4-74 错误示例②

7. LED电路

① LED1、LED2 等网络名称拼写错误或不一致。例如，同时出现 LED、led、Led 等网络名称。

② 发光二极管方向接反。错误示例如图 4-75 所示。

8. STM32微控制器电路

① 电容容值、型号错误。注意，电源部分使用了 2 种不同容值的电容（22μF 和 100nF）。

② 网络标签名称拼写错误，或与模块电路中的网络标签名称不一致。例如，同时出现 USART1_RX 和 USART1 RX 等网络名称。

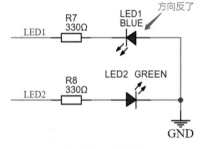

图4-75 错误示例

③ USART1_TX 和 USART1_RX 网络连接错误。USART1_TX 网络应连接 PA9 引脚，USART1_RX 网络应连接 PA10 引脚错误示例如图 4-76(a) 所示。另外，USART1_RX 网络的 10kΩ 上拉电阻误连接到 USART1_TX 网络，错误示例如图 4-76(b) 所示。

图4-76 错误示例

④电源与地短接。STM32 微控制器电路中的 3V3 和 GND 网络较多，且引脚相邻，注意勿将其连在一起，以免短路。

9. 外扩引脚

① 电源与地短接。外扩引脚电路中的 5V、3V3 和 GND 网络较多，且引脚相邻，注意勿将其连在一起，以免短路。

② 网络标签名称拼写错误。

4.9 常见问题及解决方法

1. 查找相似对象

以查找原理图中所有的 10kΩ 电阻为例。右键单击一个 10kΩ 电阻，在右键快捷菜单中选择"查找相似对象"命令，打开"查找相似对象"对话框，在对话框中设置查找条件，如图 4-77 所示。设置查找对象的名称为"相等"，单击"查找"按钮，原理图中所有符合条件的 10kΩ 电阻即被标示出来。单击"查找相似对象"对话框中的 ⑦ 按钮，可以查看更详细的查找相似对象方法。

2. 批量修改文本属性

以批量修改元件位号的字体大小为例。单击选中一个元件的位号后查找相似对象，选中所有的元件位号，然后在"多对象属性"面板中修改字体大小，即可修改所有元件位号的字体大小，如图 4-78 所示。修改其他属性的方法类似。

图4-77 查找相似对象

图4-78 批量修改文本属性

3. 在原理图中旋转、翻转、对齐、等距分布元件

可以通过工具栏中的一系列按钮，实现元件的旋转、翻转、对齐和等距分布。工具按钮如图 4-79 所示，按钮功能从左到右分别为：①逆时针旋转 90°；②顺时针旋转 90°；③水平

翻转；④垂直翻转；⑤左对齐；⑥右对齐；⑦顶对齐；⑧底对齐；⑨水平居中对齐；⑩垂直居中对齐；⑪对齐网格；⑫水平等距分布；⑬垂直等距分布。按钮功能对应的快捷键如图 4-80 所示。

图4-79　工具按钮

图4-80　工具按钮快捷键

本章任务

完成本章的学习后，参照附录 A 中的"STM32 核心板原理图"，完成整个 STM32 核心板的原理图绘制。

本章习题

1. 简述原理图设计的流程。

2. 简述搜索元件的方法。

3. 在原理图设计界面中，如何实现元件的翻转和对齐？

4. 在原理图设计界面中，如何修改元件的属性？

第 **5** 章

STM32 核心板 PCB 设计

  PCB 设计是将电路原理图变成具体的电路板的必由之路，是电路设计过程中至关重要的一环。如何将设计好的 STM32 核心板原理图通过嘉立创 EDA 转成 PCB，正是本章要介绍的内容。学习完本章，读者将能够完成整个 STM32 核心板 PCB 的布局、布线、铺铜等操作，为后续进行电路板制作做准备。

5.1 PCB设计流程

  STM32 核心板的 PCB 设计流程如图 5-1 所示。

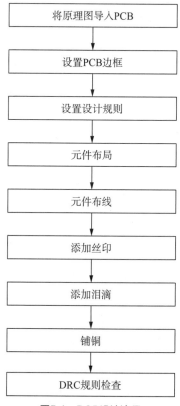

图5-1 PCB设计流程

5.2　将原理图导入PCB

在原理图设计界面中，执行菜单栏命令"设计"→"原理图转 PCB"，如图 5-2 所示。

图5-2　原理图转PCB步骤1

由于在原理图中存在如图 5-3 所示的网络重命名的网络警告，在原理图转 PCB 时系统将弹出如图 5-4 所示的"警告"对话框，这是设计所需，这里可直接单击"× 否，继续进行"按钮，完成原理图转 PCB。注意，应检查原理图，确保没有其他错误后再转 PCB。

图5-3　网络警告

图5-4　原理图转PCB步骤2

在弹出的"新建 PCB"对话框中定义 PCB 边框，如图 5-5 所示，单位选择 mm，铜箔层设为 2，边框类型选择圆角矩形，起始坐标设为 (0, 100)，边框宽设为 70mm，边框高设为 100mm，圆角半径设为 3mm，最后单击"应用"按钮。PCB 边框效果图如图 5-6 所示，通过原理图转 PCB 的操作，同时也会把元件导入 PCB 中。

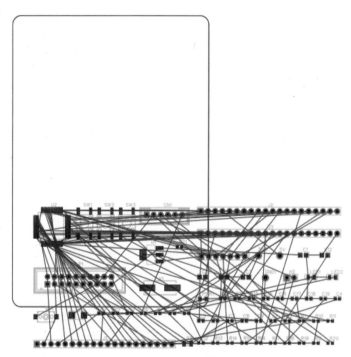

图5-5　定义PCB边框

图5-6　PCB边框效果图

保存 PCB 文件后，即可在工程文件夹下看到新建的 PCB 文件，如图 5-7 所示。

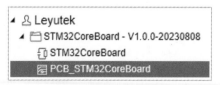

图5-7　新建的PCB文件

如果需要重定义PCB边框，可执行菜单栏命令"工具"→"边框设置"，如图5-8所示。然后，在如图 5-9 所示的"边框设置"对话框中，重新设置参数即可。

图5-8 重定义PCB边框步骤1　　　　　　　　图5-9 重定义PCB边框步骤2

5.3 更新PCB

在电路设计过程中，常常遇到修改原理图的情况，因此，除了需要将元件从原理图导入新建的 PCB 中，还要将修改的内容更新到 PCB 中。更新 PCB 的方法有以下两种。

（1）在原理图设计界面中，执行菜单栏命令"设计"→"更新 PCB"，如图 5-10 所示。

（2）在 PCB 设计环境中，执行菜单栏命令"设计"→"导入变更"，如图 5-11 所示。

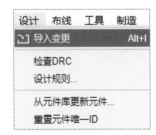

图5-10 更新PCB方法1　　　　　　　图5-11 更新PCB方法2

在"确认导入信息"对话框中将显示原理图中变更的内容，确认无误后，单击"应用修改"按钮，如图 5-12 所示。

图5-12　确认导入信息

5.4　规则设置

为了保证电路板在后续工作过程中保持良好的性能，需要设置 PCB 的设计规则，如线间距、线宽、不同电气节点的最小间距等。不同的 PCB 设计有不同的规则要求，因此在每个 PCB 设计项目开始之前都要设置相应的设计规则。下面针对 STM32 核心板，详细介绍需要设置的设计规则。学习完本节后，建议读者查阅相关文献了解其他规则。

首先，在 PCB 设计界面右侧的"画布属性"面板中，将单位设置为 mil，然后执行菜单栏命令"设计"→"设计规则"，如图 5-13 所示。也可右键单击画布，在右键快捷菜单中选择"设计规则"命令。

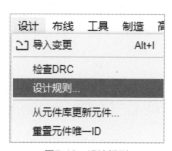

图5-13　设计规则

"设计规则"对话框如图 5-14 所示，包含以下参数。

图 5-14　"设计规则"对话框

　　规则：默认规则为 Default，单击"新增"按钮，可以设置多个规则。规则支持自定义不同的名称，每个网络只能应用一个规则，每个规则可以设置不同的参数。

　　线宽（最小）：当前规则的导线宽度。PCB 中的导线宽度不能小于规则线宽。

　　间距（最小）：当前规则的元素间距。PCB 中具有不同网络的两个元素之间的间距不能小于规则间距。

　　孔外径（最小）：当前规则的孔外径。PCB 中的孔外径不能小于规则孔外径，如通孔的外径、过孔的外径、圆形多层焊盘的外径等，都要大于或等于规则孔外径。

　　孔内径（最小）：当前规则的孔内径。PCB 中的孔内径不能小于规则孔内径，如过孔的内径、圆形多层焊盘的内径等，都要大于或等于规则孔内径。

　　线长（最大）：当前规则的导线总长度（包括导线、圆弧）。相同网络的导线总长度不能大于规则线长，否则报错。如果输入框留空，则不限制导线长度。

　　下面介绍具体的规则应用方法。

　　为网络设计规则：在网络列表中选中一个网络，然后在"设置规则"下拉菜单中选择对应的规则，单击"应用"按钮，那么这个网络就应用了该规则。

　　实时设计规则检测：启用"实时设计规则检测"功能后，在画图的过程中就会自动检测是否存在 DRC 错误，若出现超出规则的错误，则直接显示高亮的 × 警示标识提示错误的位置。如图 5-15 所示，不同网络的两条导线之间的距离小于设计的规则间距，因此出现 × 警示标识，提示该错误的位置。

图5-15　实时设计规则检测

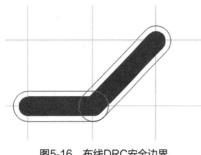

图5-16 布线DRC安全边界

在布线时显示 DRC 安全边界：当在信号层绘制导线时，未确定的导线周围会显示白色的 DRC 安全边界线圈。该安全边界的间距是根据 DRC 规则设置的间距来显示的，如图 5-16 所示。

检测元素到边框的距离：勾选该项后，在其后文本框中输入检测的距离值，当元素到边框的值小于该值时，会在设计管理器中报错。

布线切层时自动放置的过孔与导线应用设计规则：勾选该项后，在画布放置过孔时，过孔的大小应用规则设置的参数；导线绘制同理。

设计规则的单位跟随"画布属性"面板中设置的单位，此处单位为 mil。STM32 核心板的设计规则如图 5-17 所示，保持 Default 默认规则不变：导线线宽最小为 10mil，不同网络元素之间的最小间距为 6mil，孔外径最小为 24mil，孔内径最小为 12mil，线长不做设置。然后，单击"新增"按钮，设置规则名为 Power and GND，导线线宽最小为 30mil，其余参数与 Default 规则一样。然后将网络列表中的 3V3、5V 和 GND 网络设置为 Power and GND 规则，其他网络为 Default 规则。再勾选"实时设计规则检测""布线切层时自动放置的过孔与导线应用设计规则"和"在布线时显示 DRC 安全边界"项，最后单击"设置"按钮。

为什么要设置 3V3、5V 和 GND 网络导线线宽最小为 30mil？

设计规则   ✕

规则	线宽(最小)	间距(最小)	孔外径(最小)	孔内径(最小)	线长(最大)
Default	10	6	24	12	
Power a	30.000	6.000	24.000	12.000	

全部 ▼

筛选网络 🔍

网络列表	规则
	Default
3V3	Power and GND
5V	Power and GND
BOOT0	Default
C1_1	Default
GND	Power and GND
L1_1	Default
NRST	Default
OLED_CS	Default
OLED_DC	Default
OLED_DIN	Default
OLED_RES	Default
OLED_SCK	Default

新增 删除

单位 mil

☑ 实时设计规则检测   ☑ 布线切层时自动放置的过孔与导线应用设计规则
☑ 在布线时显示DRC安全边界
☐ 检测元素到边框的距离 [   ]

设置规则 Power an ▼   应用

✓ 设置   取消   ⑦

图5-17 STM32核心板的设计规则

从严格意义上讲，导线上能够承载的电流大小取决于线宽、线厚及容许温升。在 25℃ 时，对于铜厚为 35μm 的导线，10mil（0.25mm）线宽能够承载 0.65A 电流，40mil（1mm）线宽能够承载 2.3A 电流，80mil（2mm）线宽能够承载 4A 电流。温度越高，导线能够承载的电流越小。因此保守考虑，在实际布线中，如果导线上需要承载 0.25A 电流，则应将线宽设置为 10mil；如果需要承载 1A 电流，则应将线宽设置为 40mil；如果需要承载 2A 电流，则应将线宽设置为 80mil；依次类推。

在 PCB 设计和打样中，常用盎司（oz）作为铜皮厚度（简称铜厚）的单位，1oz 铜厚定义为 1 平方英尺（1ft ≈ 30.48cm）面积内铜箔的重量为 1 盎司，对应的物理厚度为 35μm。PCB 打样厂使用最多的板材规格就是 1oz 铜厚。

5.5　层的设置

5.5.1　层工具

PCB 设计经常使用到"层与元素"面板，如图 5-18 所示，单击 👁 按钮可以显示或隐藏对应的层；单击颜色标识区，当显示 ✎ 图标时，表示该层已进入编辑状态，可进行布线等操作；单击 📌 按钮，可以将"层与元素"面板固定展开；拖曳"层与元素"面板右下角，可以调整面板的高度与宽度。

在"层与元素"面板中，打开"元素"标签页，如图 5-19 所示。当元素前面打钩时，表示可以操作画布内的对应元素。取消勾选则无法进行操作，包括点选、框选、拖动等操作。单击 👁 按钮可以批量修改对应元素的显示和隐藏。

图5-18　"层与元素"面板

图5-19　元素筛选

5.5.2 层管理器

单击"层与元素"面板中的 ◎ 按钮，或执行菜单栏命令"工具"→"层管理器"，打开"层管理器"对话框，如图 5-20 所示，在该对话框中可以设置 PCB 的层数和其他参数。注意，层管理器中的设置仅对当前的 PCB 有效。

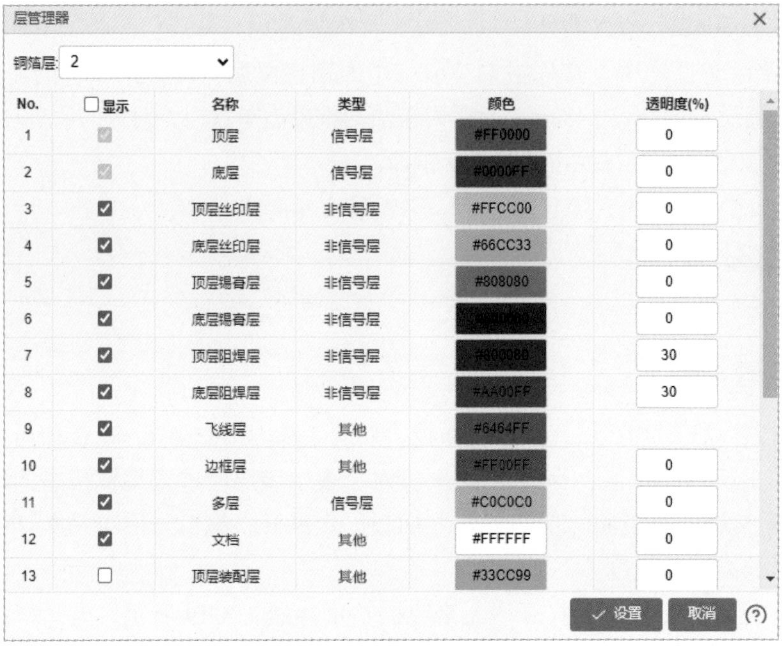

No.	□ 显示	名称	类型	颜色	透明度(%)
1	☑	顶层	信号层	#FF0000	0
2	☑	底层	信号层	#0000FF	0
3	☑	顶层丝印层	非信号层	#FFCC00	0
4	☑	底层丝印层	非信号层	#66CC33	0
5	☑	顶层锡膏层	非信号层	#808080	0
6	☑	底层锡膏层	非信号层		0
7	☑	顶层阻焊层	非信号层	#800080	30
8	☑	底层阻焊层	非信号层	#AA00FF	30
9	☑	飞线层	其他	#6464FF	0
10	☑	边框层	其他	#FF00FF	0
11	☑	多层	信号层	#C0C0C0	0
12	☑	文档	其他	#FFFFFF	0
13	□	顶层装配层	其他	#33CC99	0

铜箔层：2

✓ 设置　　取消　　?

图5-20　"层管理器"对话框

下面详细介绍"层管理器"对话框内的参数。

铜箔层：嘉立创 EDA 支持高达 34 个铜箔层。使用的铜箔层越多，PCB 价格就越高。顶层和底层是默认的铜箔层，无法被删除。当要从 4 个铜箔层切换到 2 个时，需要先将内层的所有元素删除。

显示：取消勾选相应的层，该层的层名则不会显示在"层与元素"面板上。注意，这里只是对层名的隐藏，如果隐藏的层有其他元素，如导线等，在导出 Gerber 文件时将会一起被导出。

名称：层的名称，内层支持自定义名称。

类型：包括以下三种。

（1）信号层：进行信号连接用的层，如顶层、底层。

（2）非信号层：如丝印层、锡膏层、阻焊层等。

（3）其他：只做显示用，如飞线层、文档层。

颜色：可以为每个层配置不同的颜色。

透明度：默认的透明度为 0%，数值越高，层越透明。

下面简要介绍各层的功能。

（1）顶层/底层：PCB 顶面和底面的铜箔层，用于电气连接。

（2）顶层丝印层/底层丝印层：可在丝印层上印刷文字或符号来标示元件在电路板的位置等信息。

（3）顶层锡膏层/底层锡膏层：贴片焊盘制造钢网用，便于焊接，决定涂锡膏的区域大小。若电路板不需要贴片，则该层对生产没有影响。该层也称为正片工艺时的助焊层。

（4）顶层阻焊层/底层阻焊层：即电路板的顶层和底层盖油层，盖油的作用是阻止不需要的焊接。该层属于负片绘制方式，当有导线或区域不需要盖绿油时，需要在对应的位置进行绘制，电路板上的这些区域将不会被油覆盖，方便上焊锡等操作，该过程一般称为开窗。

（5）飞线层：显示 PCB 网络飞线，它不属于物理意义上的层，仅为了方便使用和设置颜色，故放在"层管理器"中进行配置。

（6）边框层：即电路板形状定义层，用于定义电路板的实际大小，电路板打样厂会根据定义的外形生产电路板。

（7）多层：与飞线层类似，金属化孔的显示和颜色配置。

（8）顶层装配层/底层装配层：元件的简化轮廓，用于产品装配、维修以及导出可打印的文档，对电路板制作无影响。

（9）机械层：用于描述电路板的机械结构、标注及加工说明，仅做信息记录用。生产时默认不采用该层的形状进行制作。

（10）文档层：与机械层类似，但该层仅在编辑器中可见，不会生成在 Gerber 文件里。

（11）3D 模型层：3D 外壳边框所在层。

（12）元件外形层：元件实物的外形层，用于绘制元件外形。以方便对比封装尺寸和实物尺寸。

（13）引脚外形层：元件实物的引脚焊接层，以方便对比封装焊盘尺寸和实物引脚尺寸。

（14）元件标识层：元件实物的标识层，可以添加元件的特殊标识，如正负极、极性点等。

（15）通孔层：与飞线层类似，也不属于物理意义上的层，只做通孔（非金属化孔）的显示和颜色配置用。

（16）错误层：与飞线层类似，用于 DRC（设计规则错误）的错误标识显示和颜色配置。

5.6　绘制定位孔

制作好的电路板需要通过定位孔固定在结构件上。下面介绍如何在 PCB 上绘制定位孔。

单击"PCB 工具"栏中的 ○ 按钮，如图 5-21 所示。在 PCB 上绘制一个圆，单击选中该圆，在 PCB 设计界面右侧的"圆属性"面板中设置圆的参数，如图 5-22 所示，设置线宽为 5mil，圆心坐标为 (150, 150)，半径为 63mil。设置完成后如图 5-23 所示。

图5-21　绘制定位孔步骤1

图5-22 绘制定位孔步骤2

图5-23 绘制定位孔步骤3

右键单击图 5-23 中的圆，在右键快捷菜单中选择"转为槽孔"命令，如图 5-24 所示。转成槽孔之后的圆如图 5-25 所示。

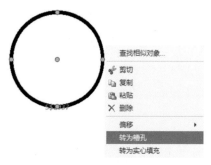

图 5-24 "转为槽孔"命令

图5-25 转为槽孔后

按照同样的方法绘制其余 3 个圆，右上角圆的圆心坐标是 (2606, 3787)，右下角圆的圆心坐标是 (2606, 150)，左上角圆的圆心坐标是 (150, 3787)。将 3 个圆都转为槽孔。4 个定位孔全部绘制完成的效果图如图 5-26 所示，这样即完成了定位孔的绘制。

图5-26 4个定位孔全部绘制完成的效果图

除了坐标定位，还可以通过复制粘贴绘制其余 3 个圆。如图 5-27 所示，单击选中槽孔，按快捷键 Ctrl+C 复制，然后选择一个参考点，再按快捷键 Ctrl+V 粘贴，按空格键将槽孔旋转到合适位置后，在另一个参考点上单击放置槽孔，如图 5-28 所示。

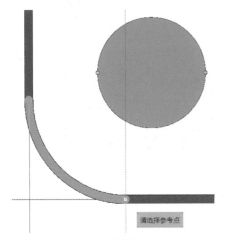

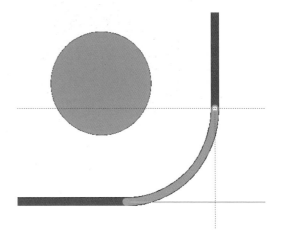

图5-27　复制并选择参考点　　　　　　　　　　　　　图5-28　选择参考点并粘贴

单击工具栏中的 2D 或 3D 按钮，或执行菜单栏命令"视图"→"2D 预览"或"3D 预览"，如图 5-29 所示，可以获得更真实的效果图。

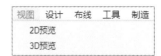

图5-29　2D或3D预览

有时也会把定位孔做成金属孔，并且赋予 GND 网络，相当于一个孔径很大的 GND 测试点，这样会更方便调试电路板。金属定位孔的绘制方法如下：首先，右键单击槽孔，在右键快捷菜单中选择"转为焊盘"命令，如图 5-30 所示。

在"焊盘属性"面板中，设置层为多层，网络为 GND，孔直径为 4mm，圆心坐标为 (4, 4)，阻焊扩展为 1.5mm，如图 5-31 所示。

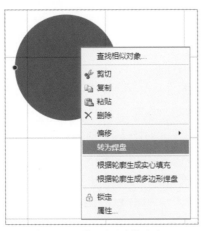

图 5-30　"转为焊盘"命令

选中数量	1
⊿焊盘属性	
层	多层
编号	1
形状	多边形
	编辑坐标点
网络	GND
旋转角度	0
孔形状	圆形
孔直径	4.000mm
金属化	是
中心X	4.000mm
中心Y	4.000mm
阻焊扩展	1.500mm
ID	gge9662
锁定	否

图5-31　设置焊盘属性

这样即完成了金属定位孔的绘制，如图 5-32 所示。

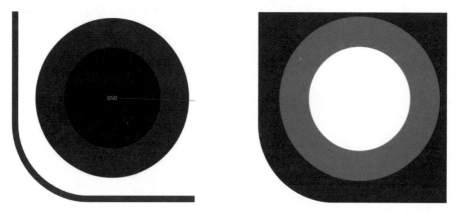

图5-32　金属定位孔绘制完成的效果图

5.7　元件的布局

将元件按照一定的规则在 PCB 中摆放的过程称为布局。布局既是 PCB 设计过程中的难点，也是重点，布局合理，接下来的布线就会相对容易。

5.7.1　布局基本操作

进行元件布局时，应掌握以下基本操作。

（1）交叉选择。此功能用于切换原理图符号和 PCB 封装之间的对应位置。在原理图中选中元件，执行菜单栏命令"工具"→"交叉选择"，如图 5-33 所示。或者使用快捷键 Shift+X，即可切换至 PCB 并高亮显示元件。

图5-33　交叉选择

（2）布局传递。在原理图中，同一模块电路中的元件一目了然，但是当原理图中的元件更新到 PCB 之后，无法区分各模块电路中的元件，为此，嘉立创 EDA 提供了"布局传递"功能。例如，框选"独立按键电路"模块中的所有元件，如图 5-34 所示，在原理图中执行菜单栏命令"工具"→"布局传递"，如图 5-35 所示。或按快捷键 Ctrl+Shift+X，即可切换至 PCB，编辑器将选中的元件 PCB 封装按照元件在原理图中的相对位置进行摆放，如图 5-36 所示。单击放置 PCB 封装后，指针仍为手掌形状，单击 PCB 封装可进行细节调整。单击右键可将指针变回箭头形状。

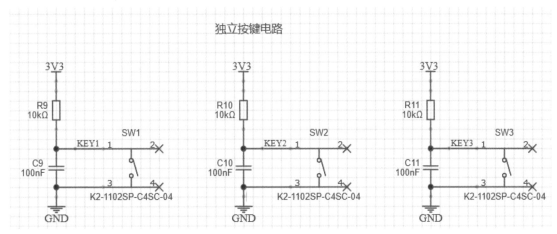

图5-34　框选一个模块电路中的所有元件

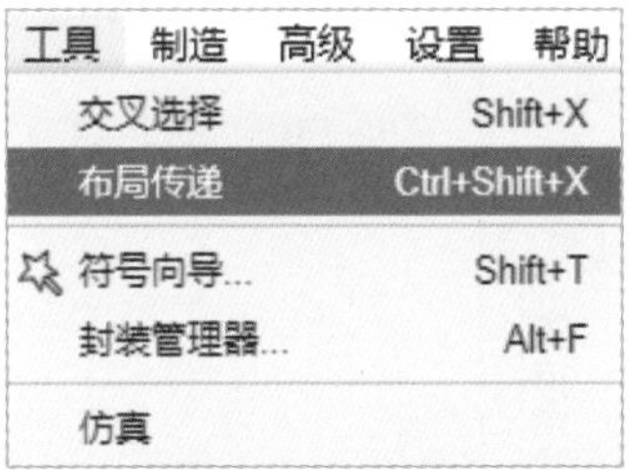

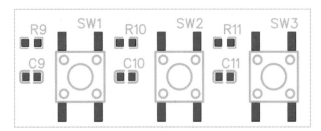

图5-35　布局传递

图5-36　布局传递后的PCB封装位置

（3）元件的复选。按 Ctrl 键，同时单击元件，即可实现多个元件的复选。

（4）元件的对齐。单击选中需要对齐的元件，然后单击菜单栏中的"格式"按钮，在下拉菜单中选择所需的对齐操作即可使元件对齐摆放，如图 5-37 所示。

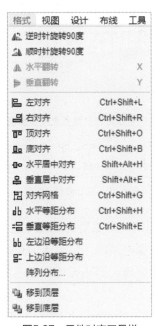

图5-37　元件对齐工具栏

5.7.2 布局原则

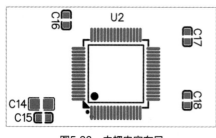

图5-38 去耦电容布局

布局一般要遵循以下原则。

（1）布线最短原则。例如，集成电路（IC）的去耦电容应尽量放置在相应的 VCC 和 GND 引脚之间，且距离 IC 尽可能近，使之与 VCC 和 GND 之间形成的回路最短。如图 5-38 所示，去耦电容先以"就近原则"布局，布线时再进行微调。

（2）将同一功能模块中的元件就近集中布局，如图 5-39 所示。

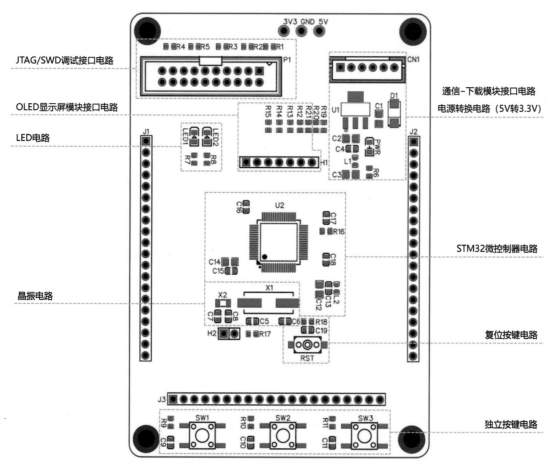

图5-39 按功能模块布局

（3）"先大后小，先难后易"原则。即重要的单元电路、核心元件优先布局。

（4）布局中应参考原理图，根据电路的主信号流向规律放置主要元件。

（5）元件的排列要便于调试和维修，即小元件周围不能放置大元件，需要调试的元件周围要有足够的空间。

（6）同类型插件元件在 X 轴或 Y 轴方向上应朝同一方向放置。同一种类型的有极性分

立元件也尽量在 X 轴或 Y 轴方向上保持一致，以便于生产和检验，如图 5-40 所示，简牛（P1）和 XH-6A 母座（CN1）的卡槽都朝向板外。

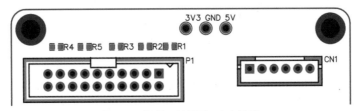

图5-40　插件元件朝同一方向放置

（7）布局时，位于电路板边缘的元件，距离电路板边缘一般不小于 2mm，如果空间允许，建议距离设置为 5mm。

（8）布局晶振时，应尽量靠近 IC，且与晶振相连的电容要紧邻晶振，如图 5-41 所示。

STM32 核心板布局完成的效果图如图 5-42 所示。图 5-43 是关闭飞线后的布局效果图。注意，在满足元件布局规则的前提下，提前预留放置丝印的位置，如图 5-44 所示。

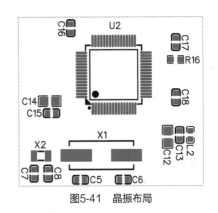

图5-41　晶振布局

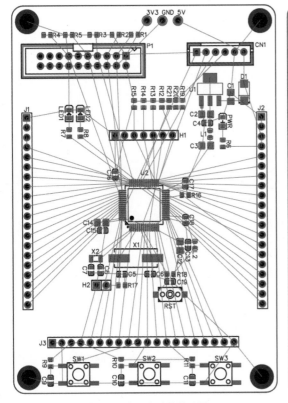

图5-42　布局完成的效果图

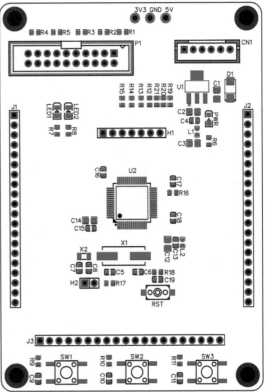

图5-43　布局完成的效果图（关闭飞线）

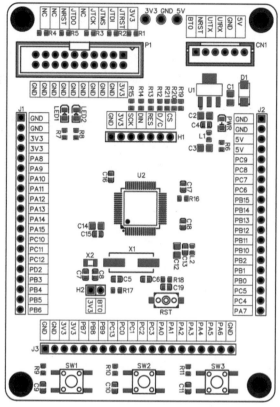

图5-44　丝印

对于初学者而言，建议第一次布局时严格参照本书中的案例进行布局，完成第一块电路板的 PCB 设计后再尝试自行布局。

5.8　元件的布线

5.8.1　布线基本操作

（1）选择布线工具。选择顶层或底层，然后单击"PCB工具"栏中的 🔧 按钮，或按快捷键 W，在画布上单击即可开始绘制，再次单击可确认布线；单击右键可取消布线，再次单击右键可退出布线模式。布线时要选择正确的层，铜箔层和非铜箔层都可用该布线工具绘制导线。

（2）修改导线属性。首先选择待修改属性的一段导线，然后在 PCB 设计界面右侧的"导线属性"面板中修改即可，如图 5-45 所示。

（3）切换布线活动层。在顶层绘制一段导线，单击确认布线，然后按快捷键 B，可以自动添加过孔，并自动切换到

选中数量	1
导线属性	
层	顶层 ▼
宽	30.000mil
网络	3V3
起点X	1809.000mil
起点Y	-2454.000mil
终点X	1526.700mil
终点Y	-2455.100mil
长度	282.800mil
ID	gge931
锁定	否 ▼
	创建开窗区

图5-45　修改导线属性

底层继续布线。按快捷键 T，可由底层切换至顶层。

（4）调节导线线宽。在布线过程中，按 +、− 键可以调节当前导线的线宽，线宽以 2mil 的幅度递增或递减。也可以按 Tab 键修改线宽的参数。如果在布完一段导线后，要增大下一段导线的线宽，则先按 L 键，再按 + 键。

（5）移动导线线段。单击选中一段导线，拖动即可调节其位置。

（6）切换布线角度。在布线过程中，按快捷键 L 可以切换布线角度。布线角度有 4 种：90° 布线、45° 布线、任意角度布线和弧形布线。另外，按空格键可以切换当前布线的方向。

（7）高亮显示网络。单击选中待高亮显示的网络的其中一段导线，按快捷键 H 可以高亮显示该网络的所有导线，再次按 H 键，可以取消高亮显示。

（8）删除导线。可以通过按 Delete 键删除某一段布线；也可以按 Shift 键，同时双击要删除的线段。

（9）布线冲突。在 PCB 设计过程中，需要将"布线冲突"设为"阻挡"，如图 5-46 所示。这样在布线过程中，不同网络之间将不相连。

图5-46　布线冲突

（10）布线吸附。在布线过程中，需要开启"吸附"功能，如图 5-47 所示，这样在布线时，导线将自动吸附在焊盘的中心位置。

图5-47　布线吸附

5.8.2　布线注意事项

布线时应注意以下事项。

（1）电源主干线原则上要加粗（尤其是电路板的电源输入/输出线）。建议将 STM32 核心板电源线的线宽设计为 30mil，如图 5-48 所示。可以看到，STM32F103RCT6 芯片的电源线未加粗，这是因为这些电源线并非电源主干线，且芯片的焊盘很小，不允许 30mil 线宽，所以线宽设计为 10mil 即可。

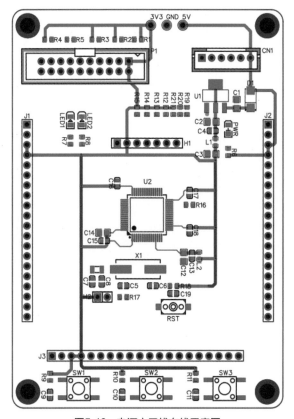

图5-48　电源主干线布线示意图

（2）PCB 布线不要距离定位孔和电路板边框太近，以防安装时出现短路或安装应力产生的线路撕裂导致开路。图 5-49 所示的布线与定位孔之间的距离适中，距离保持在 1mm 以上，而图 5-50 所示的布线与定位孔之间的距离太近。

图5-49　布线与定位孔之间的距离适中

图5-50　布线距离定位孔太近

（3）同一层禁止 90° 拐角布线（见图 5-51），不同层之间允许过孔 90° 布线（见图 5-52）。此外，布线时尽可能遵守一层水平布线、另一层垂直布线的原则。

图5-51　同一层90°拐角布线（禁止）

图5-52　不同层之间过孔90°布线（允许）

5.8.3 STM32核心板分步布线

布局合理，布线就会变得顺畅。如果是第一次布线，建议读者按照下面的步骤进行操作。熟练掌握后方可按照自己的思路尝试布线。实践证明，每多布一次线，布线水平就会有所提升，尤其是前几次尤为明显。由此可见，掌握PCB设计的诀窍很简单，就是反复多练。

第 1 步：完成电源转换电路布线，如图 5-53 所示，为方便观看，关闭了飞线，但不建议读者关闭飞线来进行布线。电源转换电路中的电源线和地线宽都要设置为 30mil，且元件的布局、电源转换流向可以参考原理图中元件放置的位置进行设计，如图 5-54 所示。

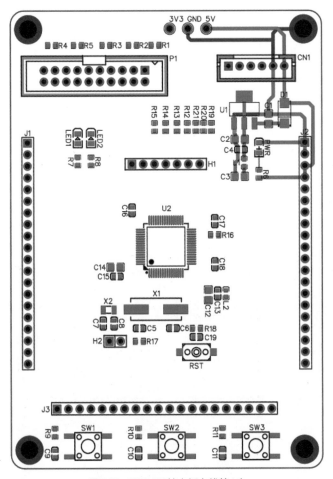

图5-53 STM32核心板布线第1步

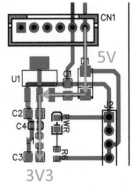

图5-54 电源转换流向

第 2 步：完成 JTAG/SWD 调试接口电路、OLED 显示屏模块接口电路和 LED 电路的部分布线，如图 5-55 所示。优先完成最短、最简单的布线。

第 3 步：完成 JTAG/SWD 调试接口电路、STM32 微控制器电路和外扩引脚的部分布线，如图 5-56 所示。其中，电容 C14、C15、C16 连接到 STM32 电源引脚的导线线宽为 10mil，且电源和地形成环形回路，然后连接到电源主干线。JTAG/SWD 调试接口电路的网络可以通过底层布线，然后经过孔连接到顶层，如图 5-57 所示。

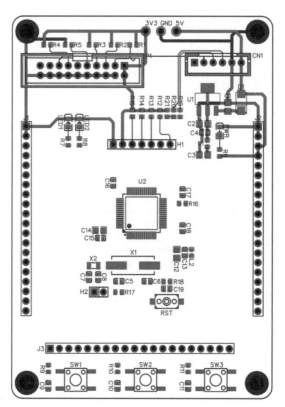

图5-55　STM32核心板布线第2步

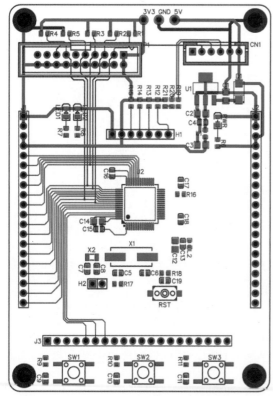

图5-56　STM32核心板布线第3步（顶层）

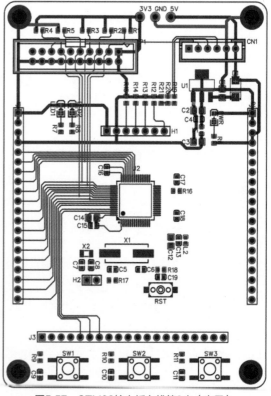

图5-57　STM32核心板布线第3步（底层）

第 4 步：完成 OLED 显示屏模块接口电路、STM32 微控制器电路和外扩引脚的部分布线，顶层布线如图 5-58 所示，底层布线如图 5-59 所示。

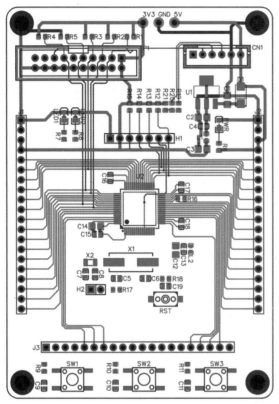
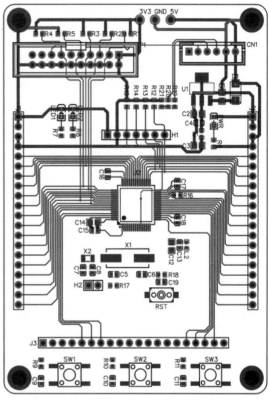

图5-58　STM32核心板布线第4步（顶层）　　　　图5-59　STM32核心板布线第4步（底层）

第 5 步：完成晶振电路、复位按键电路、STM32 微控制器电路和外扩引脚的部分布线，如图 5-60 所示。

第 6 步：完成独立按键电路的布线，如图 5-61 所示。

第 7 步：如图 5-62 所示，PCB 中还有一些飞线未连接。未连接的网络也可以在"设计管理器"中查看，如图 5-63 所示。

除了 3V3 和 GND 网络，其余网络连接完成后的顶层布线如图 5-64 所示，底层布线如图 5-65 所示。

第 8 步：完成 3V3 和 GND 网络的连接，顶层如图 5-66 所示，底层如图 5-67 所示。至此，STM32 核心板的 PCB 布线已完成，可在"设计管理器"中检查。若网络名前面出现⊗图标，表示还有网络未连接；网络连接完成后，网络名前面的图标变为▤。

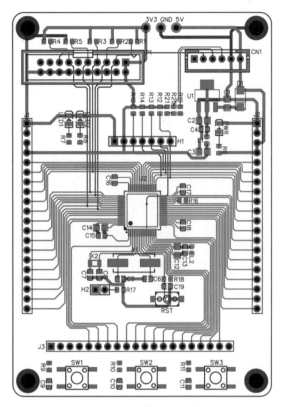

图5-60　STM32核心板布线第5步

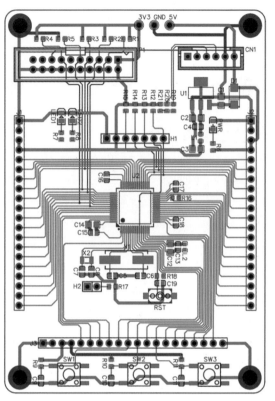

图5-61　STM32核心板布线第6步

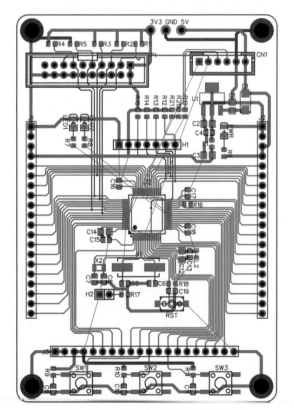

图5-62　STM32核心板布线第7步（飞线）

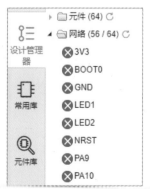

图5-63　未连接网络

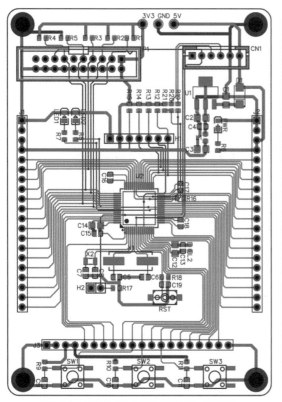

图5-64　STM32核心板布线第7步（顶层）

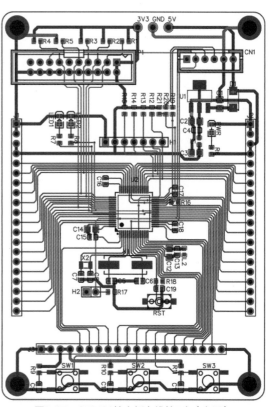

图5-65　STM32核心板布线第7步（底层）

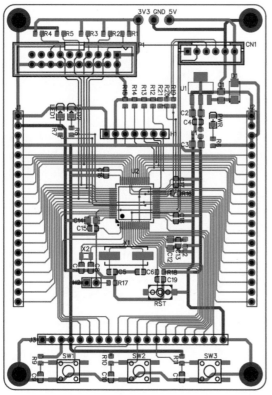

图5-66　STM32核心板布线第8步（顶层）

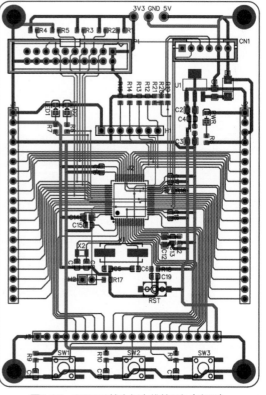

图5-67　STM32核心板布线第8步（底层）

5.9 丝印

丝印是指印刷在电路板表面的图案和文字，丝印字符的布置原则是"不出歧义，见缝插针，美观大方"。添加丝印就是在 PCB 表面印刷所需要的图案和文字等，主要是为了方便电路板的焊接、调试、安装和维修等。

5.9.1 添加丝印

在"层与元素"面板中选择"顶层丝印层"，如图 5-68 所示。

图5-68 顶层丝印层

单击"PCB 工具"栏中的 T 按钮，这时指针处会出现 TEXT 字符，然后按 Tab 键，在弹出的"属性"对话框中输入要添加的丝印文本（如 GND），如图 5-69 所示，然后单击"确定"按钮。

这时指针处的 TEXT 文本变成了 GND，单击放置在 PCB 相应的位置上。然后，单击选中丝印 GND，在"文本属性"面板中可以修改文本的线宽、高等参数，如图 5-70 所示。这里设置丝印文本的线宽为 6mil，高为 45mil。

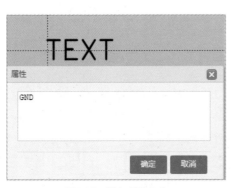

图5-69 输入丝印文本

图5-70 修改丝印文本属性

在底层丝印层添加丝印：在"层与元素"面板中选择"底层丝印层"，其余操作与在顶层丝印层添加丝印相似。也可以在"文本属性"面板中的"层"下拉菜单中选择"底层丝印层"，将顶层丝印切换为底层丝印。顶层丝印和底层丝印的效果图如图 5-71 所示，两者呈镜像关系。

图5-71　顶层丝印（左）和底层丝印（右）的效果图

5.9.2　丝印的方向

丝印的摆放方向应遵循"从左到右，从上到下"的原则，即如果丝印是横排的，则首字母须位于左侧；如果丝印是竖排的，则首字母须位于上方，如图 5-72 所示。

图5-72　丝印方向

还可以为直插元件添加引脚名称丝印，图 5-73 所示为 OLED 显示屏模块接口的引脚丝印，同样遵循"从左到右，从上到下"的原则摆放。注意，通常功能模块的引脚丝印按引脚功能来命名，例如在图 5-73 中，引脚网络名显示为 PB13、PB15、PB14 等，但这些引脚在 OLED 显示屏模块中起到的作用是时钟线（SCK）、数据线（DIN）、复位（RES），所以引脚丝印按功能命名为 SCK、DIN、RES。而外扩引脚的排针由于是用于连接其他模块的，还未明确功能，因此引脚丝印可以按芯片引脚名来命名。

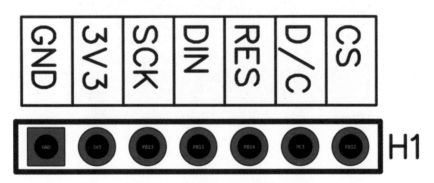

图5-73　OLED显示屏模块接口的引脚丝印

为了使丝印看起来更加整齐美观，可以为丝印绘制线框。在"层与元素"面板中选择"顶层丝印层"，然后单击"PCB 工具"栏中的　按钮，即可开始绘制线条，在绘制过程中按 Tab 键，设置线条线宽为 5mil，如图 5-74 所示。

图5-74　设置线条线宽为5mil

STM32 核心板顶层丝印 2D 效果图如图 5-75 所示。

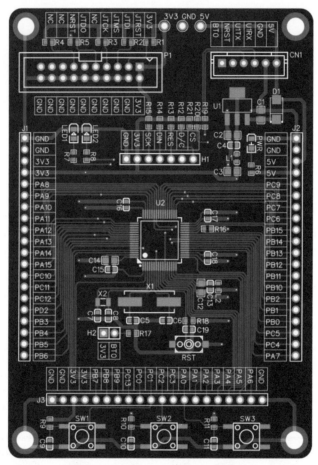

图5-75　STM32核心板顶层丝印2D效果图

5.9.3　添加电路板名称、版本信息和信息框

为方便对电路板进行管理，可以在电路板上添加电路板名称、版本信息和信息框。信息框主要用于对电路板进行编号，或粘贴电路板编号标签。

在"层与元素"面板中选择"底层丝印层"，单击"PCB 工具"栏中的 T 按钮，然后按 Tab 键，在弹出的"属性"文本框中输入"STM32CoreBoard-V1.0.0-20230808"，设置高为 45mil，线宽为 6mil，并放置在底层中间位置。然后，单击"PCB 工具"栏中的 □ 按钮，绘制一个矩形，在"属性"面板中设置矩形宽为 20mm，高为 10mm，添加完成后如图 5-76 所示。

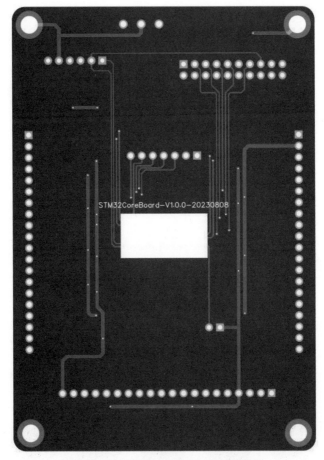

图5-76　STM32核心板底层丝印2D效果图

5.10　泪滴

在电路板设计过程中，常常需要在导线和焊盘或过孔的连接处补泪滴，这样做有两个好处：①在电路板受到巨大外力的冲撞时，避免导线与焊盘、导线与导线发生断裂；②在 PCB 生产过程中，避免由蚀刻不均或过孔偏位导致裂缝。

下面介绍如何添加和删除泪滴。执行菜单栏命令"工具"→"泪滴"，如图 5-77 所示。

在"泪滴"对话框中，选择"新增"，其他参数保持默认，再单击"应用"按钮即可添加泪滴，如图 5-78 所示。

执行完上述操作后，可以看到电路板上的焊盘与导线的连接处增加了泪滴，如图 5-79 所示。

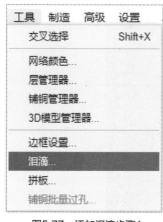

图5-77 添加泪滴步骤1

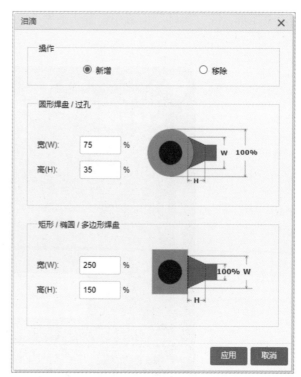

图5-78 添加泪滴步骤2

图5-79 添加泪滴后的焊盘

对电路重新布线时，有时需要先删除泪滴。具体方法是：在图 5-78 所示的"泪滴"对话框中，选择"移除"，然后单击"应用"按钮，即可删除泪滴。

5.11 铺铜

铺铜是指将电路板上没有布线的部分用固体铜填充，又称灌铜。填充的铜一般与电路的某个网络相连，多数情况是与 GND 网络相连，可提高电路的抗干扰能力。此外，铺铜还可以提高电源效率，与 GND 相连的铜可以减小环路面积。

首先在"层与元素"面板中选择"顶层"，单击"PCB 工具"栏中的 🔲 按钮，或按 E 键，在弹出的"属性"对话框中选择 GND 网络，如图 5-80 所示。

图5-80　铺铜步骤1

　　在 PCB 边框外部沿着边框绘制一个比边框略大的矩形框，结束绘制时，单击右键即可，系统将自动填充，如图 5-81 所示。

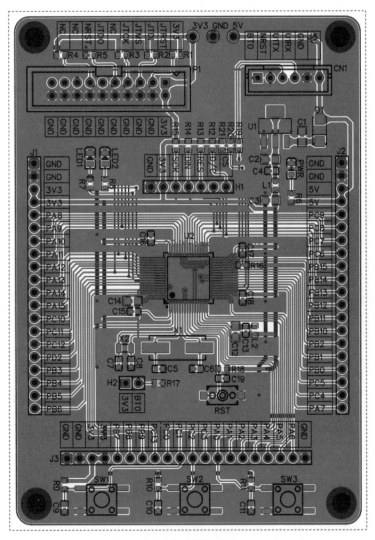

图5-81　铺铜步骤2

　　完成顶层铺铜后，用类似的方法给底层铺铜。底层铺铜后的效果如图 5-82 所示。

　　选中其中一条铺铜线框（即图 5-82 中外围两条虚线框），可在"铺铜属性"面板中修改属性，如图 5-83 所示。铺铜区与其他同层电气元素的间距为 10mil；焊盘与铺铜的连接样式为"发散"；"保留孤岛"选择"否"可以去除死铜；"填充样式"选择"全填充"；如果对PCB 做了修改，或修改了铺铜属性，可以通过单击"重建铺铜区"按钮或按快捷键 Shift+B重建所有铺铜区，无须重新绘制。

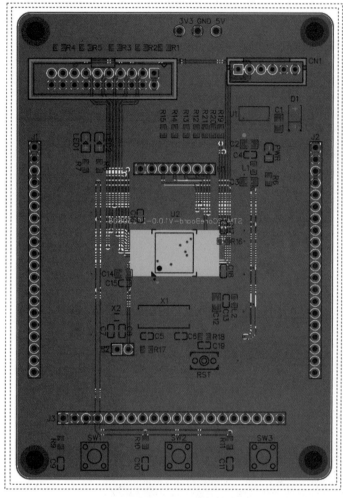

图5-82　底层铺铜

图5-83　铺铜属性

5.12　DRC规则检查

DRC 规则检查是根据设计者设置的规则对 PCB 设计进行检查。在 PCB 设计环境下，单击打开"设计管理器"，然后单击 ○ 按钮刷新"DRC 错误"，如图 5-84 所示，一旦检查出PCB 有违反规则的地方，错误信息将会显示在"DRC 错误"目录下。

单击错误信息，将会在 PCB 上定位错误，并显示黄色 × 符号，如图 5-85 所示。根据提示可查看错误并修改。

图5-84　DRC规则检查

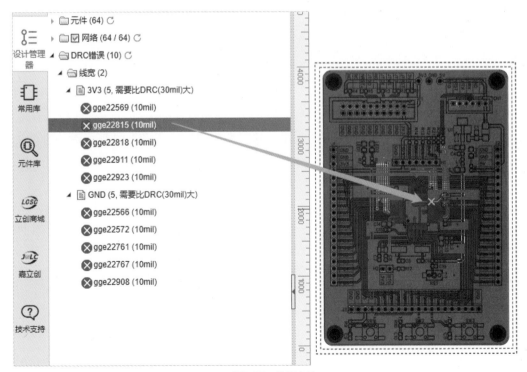

图5-85　错误定位

此处显示的错误指出，STM32 芯片引脚的 3V3 和 GND 网络导线线宽为 10mil，违反了规则设置的应不小于 30mil。实际上，这几根导线的线宽设计并没有问题，当初是为了方便其他电路模块的 3V3 和 GND 网络布线才设置了不小于 30mil 的线宽规则，否则每次布线都需要手动修改线宽，因此可以修改设计规则来通过 DRC 检测。如图 5-86 所示，将网络列表中的 3V3 和 GND 网络规则修改为 Default，最后单击"设置"按钮。

图5-86　修改设计规则

图5-87　再次进行DRC规则检查

再次进行 DRC 规则检查，可以看到没有错误提示，如图 5-87 所示。若还有其他错误，则继续修改，直到无错误，才可完成 PCB 设计。

本章任务

通过本章的学习，完成 STM32 核心板的 PCB 设计。

本章习题

1. 简述 PCB 设计的流程。
2. 泪滴的作用是什么？
3. 铺铜的作用是什么？

第6章

导出生产文件

设计好电路板后，接下来就是制作电路板。制作电路板包括 PCB 打样、元件采购和焊接（或贴片）三个环节，每个环节都需要相应的生产文件。本章分别介绍各个环节所需的生产文件的导出方法。

6.1 生产文件的组成

生产文件一般由 PCB 源文件、Gerber 文件和 SMT 文件组成，而 SMT 文件又由 BOM 和坐标文件组成，如图 6-1 所示。

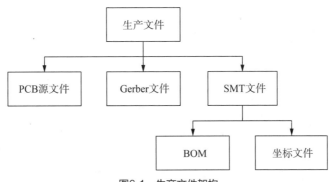

图6-1 生产文件架构

进行 PCB 打样时，可以将 PCB 源文件或 Gerber 文件发送给 PCB 打样厂。为防止技术泄露，建议发送 Gerber 文件。采购元件时，需要一张 BOM（Bill of Materials，物料清单）。进行电路板贴片加工时，既可以给贴片厂发送 PCB 源文件和 BOM，也可以发送 BOM 和坐标文件。

6.2 Gerber文件的导出

Gerber 文件是一种符合 EIA 标准的，由 GerberScientific 公司定义为用于驱动光绘机的文件。该文件把 PCB 中的布线数据转换为光绘机用于生产 1∶1 高精度胶片的光绘数据，是能被光绘机处理的文件格式。PCB 打样厂用 Gerber 文件来制作 PCB。下面介绍 Gerber 文件的导出方法。

打开 STM32 核心板 PCB，执行菜单栏命令"制造"→"PCB 制板文件（Gerber）"，如图 6-2 所示。

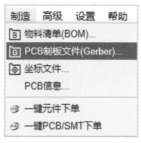

图6-2　导出Gerber文件步骤1

在弹出的"注意"对话框中，单击"是，检查 DRC"按钮，如图 6-3 所示。注意，在生成 Gerber 文件之前，务必进行 DRC 检查，查看"设计管理器"中的 DRC 错误项，以避免生成有缺陷的 Gerber 文件。

图6-3　导出Gerber文件步骤2

DRC 检查通过后，再次操作步骤 2，在图 6-3 所示的对话框中，单击"否，生成 Gerber"按钮。在弹出的"生成 PCB 制板文件（Gerber）"对话框中，单击"生成 Gerber"按钮，下载 Gerber 文件，如图 6-4 所示。然后，保存导出的 Gerber 文件压缩包。

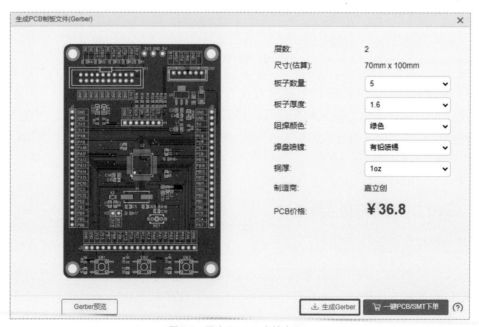

图6-4　导出Gerber文件步骤3

生成的 Gerber 文件是一个压缩包，解压后可以看到如图 6-5 所示的文件。

图6-5 Gerber文件

（1）Drill_PTH_Through.DRL：金属化多层焊盘的钻孔层。该文件显示的是内壁需要金属化的钻孔位置，如多层焊盘和通孔、过孔。

（2）Drill_PTH_Through_Via.DRL：金属化通孔类型过孔的钻孔层。该文件显示的是内壁需要金属化的钻孔位置，如过孔。

（3）Gerber_BoardOutlineLayer.GKO：边框文件。PCB 制板厂根据该文件来切割电路板的形状。

（4）Gerber_BottomLayer.GBL：PCB 底层，即底层铜箔层。

（5）Gerber_BottomSilkscreenLayer.GBO：底层丝印层。

（6）Gerber_BottomSolderMaskLayer.GBS：底层阻焊层。该层也称为开窗层，默认板子盖油，即该层绘制的元素所对应的底层区域不盖油。

（7）Gerber_TopLayer.GTL：PCB 顶层，即顶层铜箔层。

（8）Gerber_TopPasteMaskLayer.GTP：顶层助焊层，用于开钢网。

（9）Gerber_TopSilkscreenLayer.GTO：顶层丝印层。

（10）Gerber_TopSolderMaskLayer.GTS：顶层阻焊层。该层也称为开窗层，默认板子盖油，即该层绘制的元素所对应的顶层区域不盖油。

6.3 BOM的导出

BOM（物料清单）包括元件的详细信息（如元件名称、编号、封装等）。通过 BOM 可查看电路板上元件的各类信息，便于设计者采购元件和焊接电路板。下面介绍 BOM 的导出方法。

打开原理图，执行菜单栏命令"制造"→"物料清单（BOM）"，如图 6-6 所示。

图6-6 导出BOM步骤1

在"导出原理图 BOM"对话框中，单击"导出 BOM"按钮，下载 BOM 文件，如图 6-7 所示。

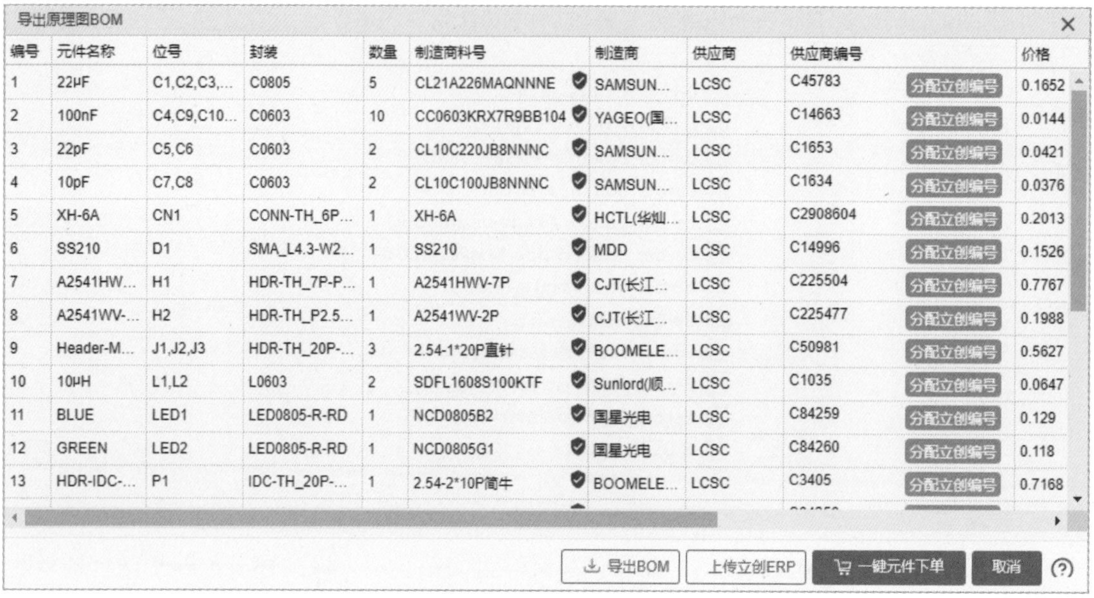

编号	元件名称	位号	封装	数量	制造商料号	制造商	供应商	供应商编号		价格
1	22μF	C1,C2,C3,...	C0805	5	CL21A226MAQNNNE	SAMSUN...	LCSC	C45783	分配立创编号	0.1652
2	100nF	C4,C9,C10...	C0603	10	CC0603KRX7R9BB104	YAGEO(国...	LCSC	C14663	分配立创编号	0.0144
3	22pF	C5,C6	C0603	2	CL10C220JB8NNNC	SAMSUN...	LCSC	C1653	分配立创编号	0.0421
4	10pF	C7,C8	C0603	2	CL10C100JB8NNNC	SAMSUN...	LCSC	C1634	分配立创编号	0.0376
5	XH-6A	CN1	CONN-TH_6P...	1	XH-6A	HCTL(华灿...	LCSC	C2908604	分配立创编号	0.2013
6	SS210	D1	SMA_L4.3-W2...	1	SS210	MDD	LCSC	C14996	分配立创编号	0.1526
7	A2541HW...	H1	HDR-TH_7P-P...	1	A2541HWV-7P	CJT(长江...	LCSC	C225504	分配立创编号	0.7767
8	A2541WV-...	H2	HDR-TH_P2.5...	1	A2541WV-2P	CJT(长江...	LCSC	C225477	分配立创编号	0.1988
9	Header-M...	J1,J2,J3	HDR-TH_20P-...	3	2.54-1*20P直针	BOOMELE...	LCSC	C50981	分配立创编号	0.5627
10	10μH	L1,L2	L0603	2	SDFL1608S100KTF	Sunlord(顺...	LCSC	C1035	分配立创编号	0.0647
11	BLUE	LED1	LED0805-R-RD	1	NCD0805B2	国星光电	LCSC	C84259	分配立创编号	0.129
12	GREEN	LED2	LED0805-R-RD	1	NCD0805G1	国星光电	LCSC	C84260	分配立创编号	0.118
13	HDR-IDC-...	P1	IDC-TH_20P-...	1	2.54-2*10P简牛	BOOMELE...	LCSC	C3405	分配立创编号	0.7168

图6-7　导出BOM步骤2

在“选择属性”对话框中，根据实际需求勾选属性，此处勾选“ID”“名称”“位号”“封装”“数量”和“供应商编号”，如图 6-8 所示。单击“导出”按钮，保存导出的 BOM。

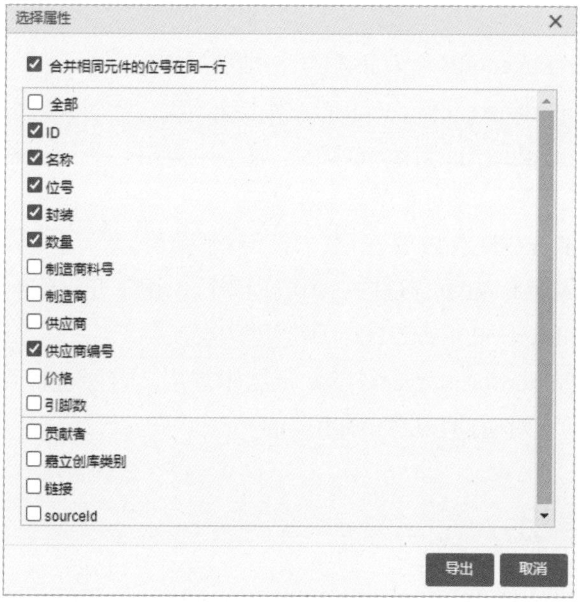

图6-8　导出BOM步骤3

打开 BOM 并整理，如图 6-9 所示。

为了方便使用，常常需要将 BOM 打印出来。这里对图 6-9 所示的表格进行规范化处理，具体操作如下。

（1）为图 6-9 所示的表格添加页眉和页脚，页眉为“STM32CoreBoard-V1.0.0-20230808-1 套”，包含了电路板名称、版本号、完成日期及物料套数。在页脚处添加页码和页数。

ID	Name	Designator	Footprint	Quantity	Supplier Part
1	22μF	C1,C2,C3,C12,C14	C0805	5	C45783
2	100nF	C4,C9,C10,C11,C13,C15,C16,C17,C18	C0603	10	C14663
3	22pF	C5,C6	C0603	2	C1653
4	10pF	C7,C8	C0603	2	C1634
5	XH-6A	CN1	CONN-TH_6P-P2.50_HCTL_XH-6A_C2908604	1	C2908604
6	SS210	D1	SMA_L4.3-W2.6-LS5.2-RD	1	C14996
7	A2541HWV-7P	H1	HDR-TH_7P-P2.54-V_A2541HWV-7P	1	C225504
8	A2541WV-2P	H2	HDR-TH_P2.54-H-M_A2541WV-2P	1	C225477
9	Header-Male-2.54_1×20	J1,J2,J3	HDR-TH_20P-P2.54-V-M-1	3	C50981
10	10μH	L1,L2	L0603	2	C1035
11	BLUE	LED1	LED0805-R-RD	1	C84259
12	GREEN	LED2	LED0805-R-RD	1	C84260
13	HDR-IDC-2.54-2×10P	P1	IDC-TH_20P-P2.54-V-R2-C10-S2.54	1	C3405
14	RED	PWR	LED0805-RD_RED	1	C84256
15	10kΩ	R1,R2,R3,R4,R5,R9,R10,R11,R12,R13,R14,R15,R16,R17,R18,R21	R0603	16	C25804
16	1kΩ	R6	R0603	1	C21190
17	330Ω	R7,R8	R0603	2	C23138
18	100Ω	R19,R20	R0603	2	C22775
19	K2-1107ST-A4SW-06	RST	KEY-SMD_L6.2-W3.6-LS8.0	1	C118141
20	K2-1102SP-C4SC-04	SW1,SW2,SW3	KEY-SMD_4P-L6.0-W6.0-P4.50-LS9.5-BL	3	C127509
21	AMS1117-3.3	U1	SOT-223-3_L6.5-W3.4-P2.30-LS7.0-BR	1	C6186
22	STM32F103RCT6	U2	LQFP-64_L10.0-W10.0-P0.50-LS12.0-BL	1	C8323
23	8MHz	X1	CRYSTAL-SMD_L11.5-W4.8-LS12.7	1	C12674
24	32.768kHz	X2	FC-135R_L3.2-W1.5	1	C32346

图6-9　BOM

（2）在表格的右侧增设"不焊接元件""一审"和"二审"三列。为什么要增设"不焊接元件"列？因为有些电路板的某些元件是为了调试而增设的，还有些元件只在特定环境下才需要焊接，并且测试点也不需要焊接，在上述元件或测试点对应的"不焊接元件"一列中标注"NC"，表示不需要焊接。增设"一审"和"二审"列，是因为无论是自己焊接电路板，还是送去贴片厂贴片，都需要提前准备物料，而备料时常常会出现物料型号不对、物料封装不对、数量不足等问题，为了避免这些问题，建议每次备料时审核两次，特别是对于使用物料多的电路板，每次审核后都应做记录，即在对应的"一审"或"二审"列打钩。规范的 BOM 示意图如图 6-10 所示。

STM32CoreBoard-V1.0.0-20230808-1套

ID	Name	Designator	Footprint	Quantity	Supplier Part	不焊接元件	一审	二审
1	22μF	C1,C2,C3,C12,C14	C0805	5	C45783			
2	100nF	C4,C9,C10,C11,C13,C15,C16,C17,C18,C19	C0603	10	C14663			
3	22pF	C5,C6	C0603	2	C1653			
4	10pF	C7,C8	C0603	2	C1634			
5	XH-6A	CN1	CONN-TH_6P-P2.50_HCTL_XH-6A_C2908604	1	C2908604			
6	SS210	D1	SMA_L4.3-W2.6-LS5.2-RD	1	C14996			
7	A2541HWV-7P	H1	HDR-TH_7P-P2.54-V_A2541HWV-7P	1	C225504			
8	A2541WV-2P	H2	HDR-TH_P2.54-H-M_A2541WV-2P	1	C225477			
9	Header-Male-2.54_1×20	J1,J2,J3	HDR-TH_20P-P2.54-V-M-1	3	C50981			
10	10μH	L1,L2	L0603	2	C1035			
11	BLUE	LED1	LED0805-R-RD	1	C84259			
12	GREEN	LED2	LED0805-R-RD	1	C84260			
13	HDR-IDC-2.54-2×10P	P1	IDC-TH_20P-P2.54-V-R2-C10-S2.54	1	C3405			
14	RED	PWR	LED0805-RD_RED	1	C84256			
15	10kΩ	R1,R2,R3,R4,R5,R9,R10,R11,R12,R13,R14,R15,R16,R17,R18,R21	R0603	16	C25804			
16	1kΩ	R6	R0603	1	C21190			
17	330Ω	R7,R8	R0603	2	C23138			
18	100Ω	R19,R20	R0603	2	C22775			
19	K2-1107ST-A4SW-06	RST	KEY-SMD_L6.2-W3.6-LS8.0	1	C118141			
20	K2-1102SP-C4SC-04	SW1,SW2,SW3	KEY-SMD_4P-L6.0-W6.0-P4.50-LS9.5-BL	3	C127509			
21	AMS1117-3.3	U1	SOT-223-3_L6.5-W3.4-P2.30-LS7.0-BR	1	C6186			
22	STM32F103RCT6	U2	LQFP-64_L10.0-W10.0-P0.50-LS12.0-BL	1	C8323			
23	8MHz	X1	CRYSTAL-SMD_L11.5-W4.8-LS12.7	1	C12674			
24	32.768kHz	X2	FC-135R_L3.2-W1.5	1	C32346			

第1页，共1页

图6-10　规范的BOM示意图

6.4 坐标文件的导出

打开 PCB，执行菜单栏命令"制造"→"坐标文件"，如图 6-11 所示。在"导出坐标文件"对话框中，单击"导出"按钮，如图 6-12 所示。

图6-11 导出坐标文件步骤1

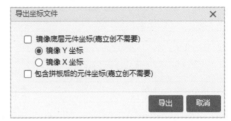

图6-12 导出坐标文件步骤2

导出的坐标文件为 CSV 格式，打开后如图 6-13 所示。

Designator	Footprint	Mid X	Mid Y	Ref X	Ref Y	Pad X	Pad Y	Layer	Rotation	Comment
3V3	TESTPOIN	1417mil	3782mil	1417mil	3782mil	1417mil	3782mil	T	0	3V3
5V	TESTPOIN	1741mil	3782mil	1741mil	3782mil	1741mil	3782mil	T	0	5V
C1	C0805	2286mil	3004mil	2286mil	3004mil	2286mil	2964.63mil	T	90	22μF
C2	C0805	2031mil	2827mil	2031mil	2827mil	1991.63mil	2827mil	T	0	22μF
C3	C0805	2030mil	2509mil	2030mil	2509mil	1990.63mil	2509mil	T	0	22μF
C4	C0603	2042mil	2738mil	2042mil	2738mil	2014.44mil	2738mil	T	0	100nF
C5	C0603	1141mil	1205mil	1141mil	1205mil	1168.56mil	1205mil	T	180	22pF
C6	C0603	1438mil	1205mil	1438mil	1205mil	1410.44mil	1205mil	T	0	22pF
C7	C0603	819mil	1247mil	819mil	1247mil	819mil	1274.56mil	T	270	10pF
C8	C0603	917mil	1247mil	917mil	1247mil	917mil	1274.56mil	T	270	10pF
C9	C0603	385mil	128mil	385mil	128mil	385mil	100.44mil	T	90	100nF
C10	C0603	1129mil	129mil	1129mil	129mil	1129mil	101.44mil	T	90	100nF
C11	C0603	1872mil	129mil	1872mil	129mil	1872mil	101.44mil	T	90	100nF
C12	C0805	1751mil	1490mil	1751mil	1490mil	1751mil	1450.63mil	T	90	22μF
C13	C0603	1834mil	1502mil	1834mil	1502mil	1834mil	1474.44mil	T	90	100nF
C14	C0805	930mil	1731mil	930mil	1731mil	890.63mil	1731mil	T	0	22μF
C15	C0603	942mil	1651mil	942mil	1651mil	914.44mil	1651mil	T	0	100nF
C16	C0603	1078mil	2219mil	1078mil	2219mil	1078mil	2246.56mil	T	270	100nF
C17	C0603	1810mil	2124mil	1810mil	2124mil	1810mil·	2096.44mil	T	90	100nF
C18	C0603	1810mil	1754mil	1810mil	1754mil	1810mil	1726.44mil	T	90	100nF
C19	C0603	1645mil	1129mil	1645mil	1129mil	1129mil	1672.56mil	T	180	100nF
CN1	CONN-TH	2180.01mil	3459mil	2180mil	3459mil	1933.94mil	3459.02mil	T	0	XH-6A
D1	SMA_L4.3-	2427mil	3052mil	2427mil	3052mil	2427mil	2965.39mil	T	90	SS210
GND	TESTPOIN	1579mil	3782mil	1579mil	3782mil	1579mil	3782mil	T	0	GND

图6-13 坐标文件

本章任务

学习完本章后，针对自己设计的 STM32 核心板，按照要求依次导出 Gerber 文件、BOM 和坐标文件。

本章习题

1. 生产文件一般包括哪些文件？
2. PCB 打样、元件采购及贴片加工分别需要哪些生产文件？
3. 简述 Gerber 文件的作用。
4. 简述 BOM 的作用。

第 7 章

制作电路板

电路板的制作主要包括 PCB 打样、元件采购和焊接三个环节。首先，将 PCB 源文件或 Gerber 文件发送给 PCB 打样厂制作出 PCB（印制电路板）；然后，购买电路板所需的元件；最后，将元件焊接到 PCB 上，或者将物料和 PCB 一起发送给贴片厂进行焊接（也称贴片）。

随着近些年来电子技术的迅猛发展，无论是 PCB 打样厂、元件供应商，还是电路板贴片厂，如雨后春笋般涌出，不仅大幅降低了制作电路板的成本，而且提升了服务品质。很多厂商已经实现在线下单的功能，不同厂商的在线下单流程大同小异。本章以深圳嘉立创平台为例，介绍 PCB 打样与贴片的流程；以立创商城为例，介绍如何在网上购买元件。

7.1 PCB打样在线下单流程

登录嘉立创官网，也可下载安装"嘉立创下单助手"。下面介绍在"嘉立创下单助手"下单的流程。

打开"嘉立创下单助手"平台界面左侧的"PCB 订单"列表，单击"计价/下单"按钮进入下单系统，如图 7-1 所示。

单击"上传 PCB 下单"按钮，上传 Gerber 压缩包文件（Gerber_PCB_STM32CoreBoard.zip），如图 7-2 所示。

文件上传成功并解析完成后，会自动解析电路板的层数和尺寸，设计者根据实际需求选择数量，然后单击"立即下单"按钮，如图 7-3 所示。

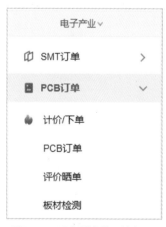

图7-1　PCB打样在线下单步骤1

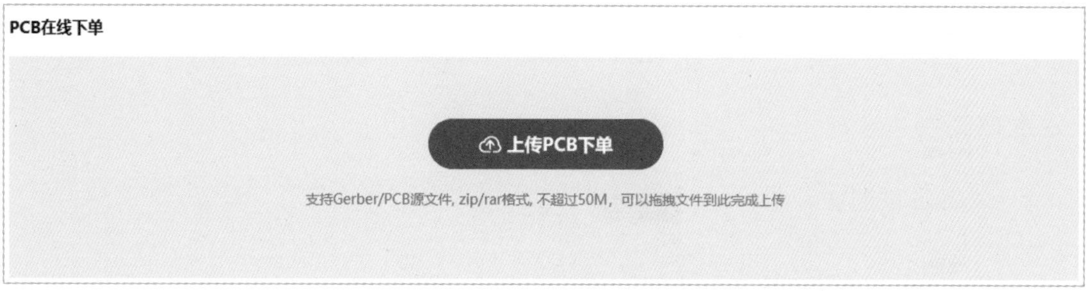

PCB在线下单

⬆ 上传PCB下单

支持Gerber/PCB源文件，zip/rar格式，不超过50M，可以拖拽文件到此完成上传

图7-2　PCB打样在线下单步骤2

文件上传成功

100 %

文件解析完成 ...

100 %

文件名：Gerber_PCB_STM32CoreBoard

系统识别板层和尺寸如下：

文件解析完成，未发现可用图形

| 板子层数 | 1 | 2 | 4 | 6 | 更多 ∨ |

板子尺寸　　7　cm　×　10　cm

板子数量　　5　　　　　∨

重新上传　　立即下单

图7-3　PCB打样在线下单步骤3

在弹出的如图 7-4 所示的对话框中，选择 FR-4 板材类型。

请选择板材类别：

FPC软板
超薄、可弯折、首单立减50元

FR-4
硬度高、绝缘性好，1-32层板特惠...

铝基板
散热快、稳定性好、活动优惠

热电分离铜基板
导热快、导热性极强

Rogers(罗杰斯高频板)
低损耗、尺寸稳定性好

PTFE(铁氟龙高频板)
耐高温、极低损耗

板材类别介绍：　FPC软板　铝基板　铜基板　Rogers高频板与铁氟龙高频板

图7-4　PCB打样在线下单步骤4

核对基本信息，如图 7-5 所示。

PCB在线下单　下单前技术员必看 ›　下单员必看 ›　PCB工艺参数 ›　　　请输入关键词 🔍　我的常用工艺模板

基本信息　　　　　　　　　　　　　　　　　　　　　　　　　　　　　　　∨

板材类别　⊘　FPC软板　FR-4　铝基板　铜基板　罗杰斯高频板　铁氟龙高频板

板子尺寸　⊘　7　CM　×　10　CM

板子数量　⊘　5　∨　样板订单

板子层数　⊘　1　2　4　高多层板　6　8　10　12　14　16　更多层数 ∨

产品类型　⊘　工业/消费/其他类电子产品　航空　医疗

图7-5　PCB打样在线下单步骤5

然后，根据实际需求选择是否需要确认生产稿，如图 7-6 所示。这里选择"不需要"。

图7-6　PCB打样在线下单步骤6

选择并确认 PCB 工艺信息，如图 7-7 所示。"出货方式"选择"单片资料单片出货"，"板子厚度"选择 1.6，"阻焊颜色"根据需求选择，其余选项可保持默认设置。

图7-7　PCB打样在线下单步骤7

交期时间可根据需求选择，如图 7-8 所示。这里选择"正常 3 天"。

选择交期	查看交期规则			
交期		板厚	油墨	数量
○ 24小时免费加急（SMT专享）SMT专享		1.6	● 蓝色	5
○ 12小时加急（出货率100%）		1.6	● 蓝色	5
○ 24小时加急（出货率100%）		1.6	● 蓝色	5
⊖ （24-48小时）免费加急(出货率98%)		1.6	● 绿色	5
● 正常3天		1.6	● 蓝色	5

图7-8　PCB打样在线下单步骤8

"个性化服务"可根据需求选择，如图 7-9 所示。这里保持默认选择。

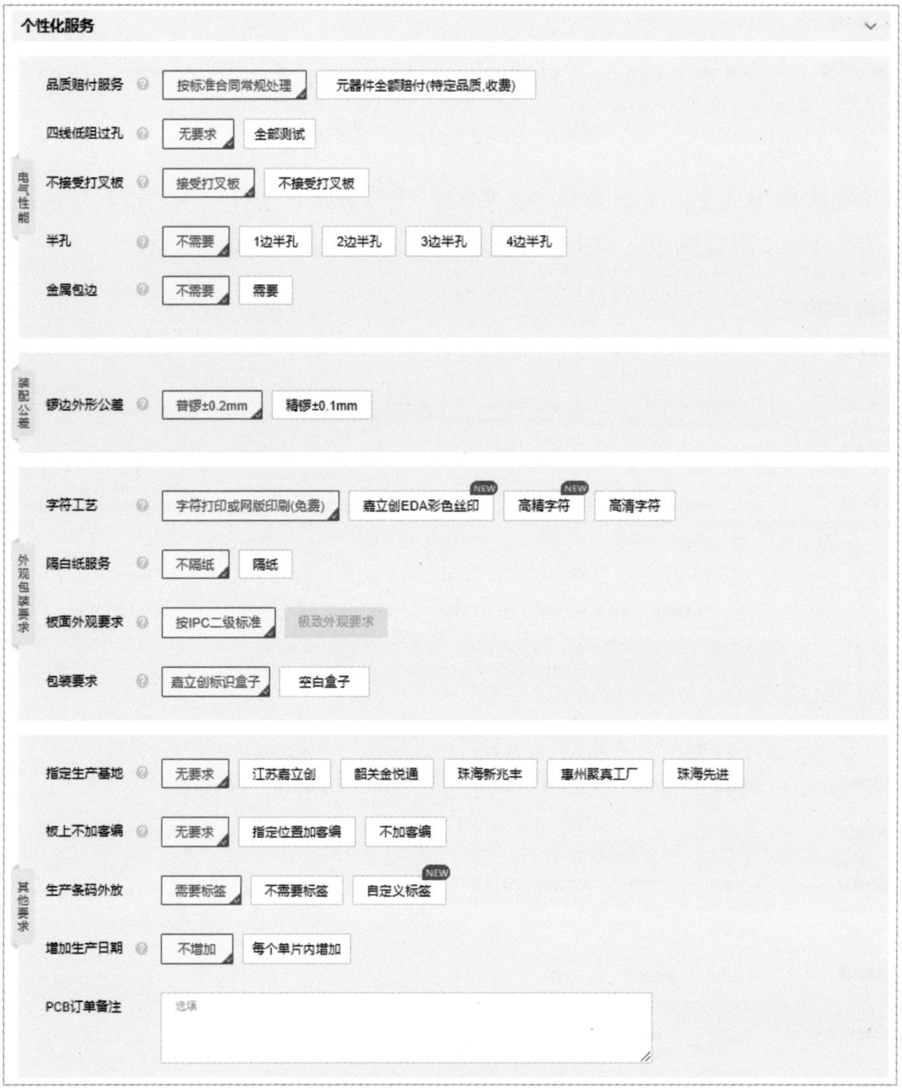

图7-9　PCB打样在线下单步骤9

若选择自己采购元件并焊接，则不需要 SMT 贴片和开钢网，如图 7-10 所示。

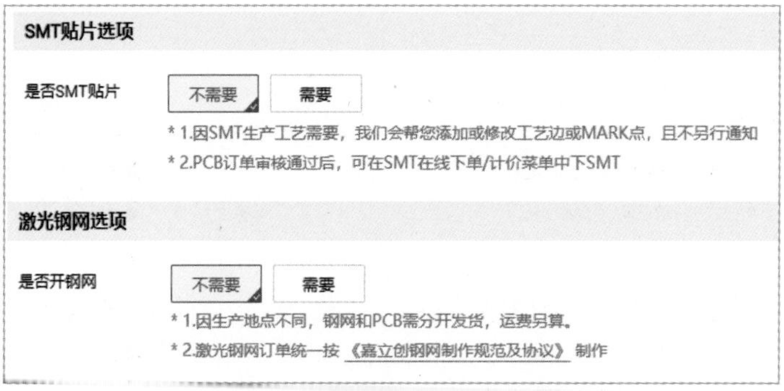

图7-10　PCB打样在线下单步骤10

根据需求将如图 7-11 所示的"完善开票信息""支付方式/发货信息"和"选择快递"相关项补充完善。

图7-11　PCB打样在线下单步骤11

最后，提交订单，如图 7-12 所示。

订单提交成功后，需等待嘉立创工作人员审核，如图 7-13 所示。审核通过后，支付订单即可完成 PCB 打样下单。

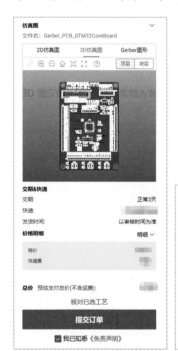

图7-12　PCB打样在线下单步骤12

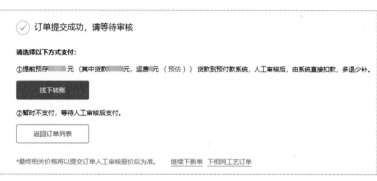

图7-13　PCB打样在线下单步骤13

单击图 7-13 所示对话框的"返回订单列表"按钮，可查看 PCB 订单的相关信息，也可以修改订单，如图 7-14 所示。

图7-14　查看PCB订单

嘉立创 PCB 打样在线下单流程会不断更新，可在嘉立创官网搜索并查看文档"PCB 下单指引"，如图 7-15 所示。

图7-15　PCB下单指引

7.2　元件在线购买流程

众所周知，建立一套物料体系非常复杂，完整的物料体系应具备3个因素：①完善的物料库；②科学的元件编号；③持续有效的管理。随着电子商务的迅猛发展，立创商城让"拥有自己的物料体系"成为可能。这是因为，立创商城既有庞大且近乎完备的实体物料库，又对元件进行了科学的分类和编号，更重要的是，有专人对整个物料库进行细致高效的管理。直接采用立创商城提供的编号，可以有效地提高电路设计和制作的效率，而且设计者无须储备物料，可做到零库存，从而大幅降低开发成本。

下面以编号为 C6186 的线性稳压器（LDO）芯片 AMS1117-3.3 为例，介绍如何在立创商城购买元件。

首先，打开立创商城网站（http://www.szlcsc.com），在首页的搜索框中输入元件编号"C6186"，单击 🔍 按钮，如图 7-16 所示。

图7-16　根据元件编号搜索元件

在图 7-17 所示的搜索结果中，核对元件的基本信息，如元件名称、品牌、型号、封装/规格等，确认无误后，单击"加入购物车"按钮，加入购物车并结算。

图7-17　元件搜索结果

当某一编号的元件在立创商城缺货时，可以通过搜索该元件的关键信息购买不同型号或品牌的相似元件。例如，需要购买 100nF（104）±5% 50V 0603 电容，如果村田品牌的暂无库存，可以用风华等其他品牌替代，如图 7-18 所示。注意，要确保容值、封装相同；精度可选择 ±5% 或 ±10%；电容耐压值要达到电路电压的 2 倍以上，例如 5V 电源上的电容要选择大于或等于 10V 的，否则不可以相互替代。

图7-18　元件替代

STM32 核心板元件采购可参考表 4-1，当某一编号的元件缺货时，可根据表中的可替换元件编号进行采购，或者参考元件选型参数，选择其他可替代元件。

立创商城元件购买流程会不断更新，可在立创商城官网首页底部查看"购物流程"。

7.3　SMT在线下单流程

首先介绍什么是 SMT。SMT 是 Surface Mount Technology（表面组装技术）的缩写，也称为表面贴装或表面安装技术，是目前电子组装行业里最流行的一种技术和工艺。它是一种将无引脚或短引线表面组装元件安装在印制电路板的表面或其他基板的表面上，通过回流焊或浸焊等方法加以焊接组装的电路装连技术。

读者可能疑惑，作为电路设计人员，为什么还需要学习电路板的焊接或贴片？因为硬件电路设计人员在进行样板设计时，常常需要进行调试和验证，焊接技术作为基本技能是必须熟练掌握的。然而，为了更好地将重心放在电路的设计、调试和验证上，也可以将焊接工作交给贴片厂完成。

下面介绍 SMT 在线下单流程。在图 7-14 中，单击"改为需 SMT"按钮，然后在弹出的"提示"对话框中，单击"确定"按钮，如图 7-19 所示。

图7-19　改为需SMT

在订单列表中，单击"去下 SMT 订单"按钮，如图 7-20 所示。

图7-20　去下SMT订单

在"SMT 在线下单"页面中，选择 PCB 订单，如图 7-21 所示。

图7-21　SMT在线下单步骤1

然后上传 BOM 文件和坐标文件。在如图 7-22 所示的页面中，单击"上传文件"按钮，分别上传 BOM 文件和坐标文件。

图7-22　SMT在线下单步骤2

接下来根据实际需求选择基本信息，如图 7-23 所示。

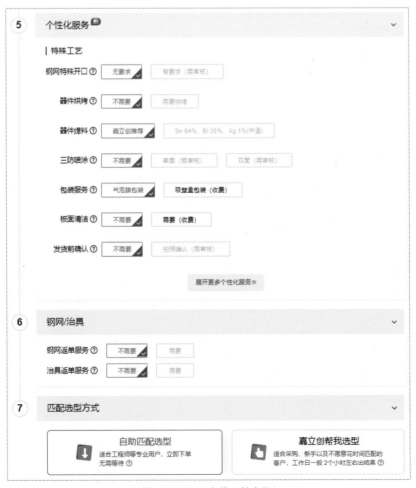

图7-23　SMT在线下单步骤3

根据需求选择如图 7-24 所示的"个性化服务""钢网/治具"和"匹配选型方式"的相关项。

图7-24　SMT在线下单步骤4

然后单击"下一步，BOM匹配选型"按钮，如图7-25所示。

图7-25　SMT在线下单步骤5

核对每个元件，当元件库存不足时，可选择替换元件，如图7-26所示，单击"替换"按钮。

图7-26　替换元件步骤1

选择替换的元件，然后单击"选用这个元件"按钮，如图7-27所示。

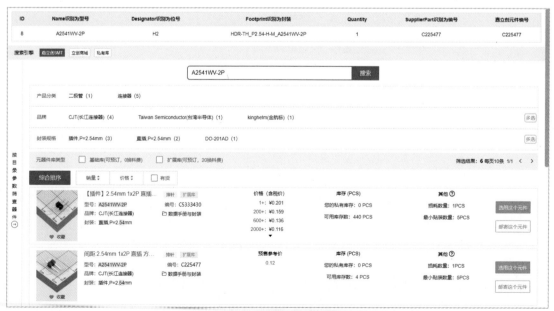

图7-27　替换元件步骤2

根据提示核对元件封装，如图 7-28 所示，若封装无误，则勾选元件。

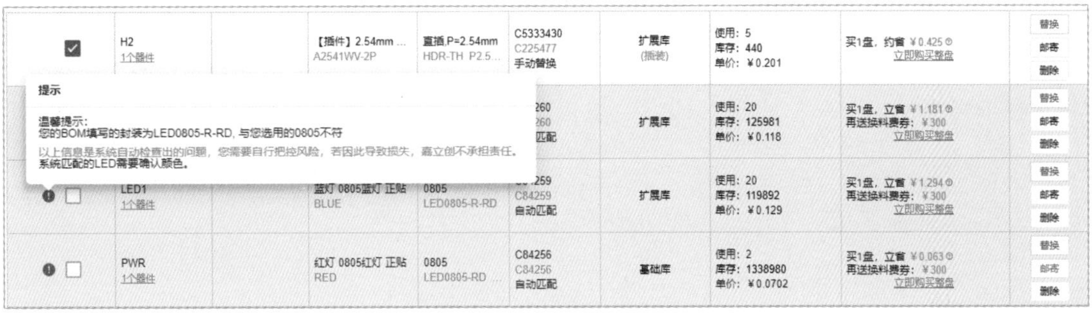

图7-28　核对元件封装

全部元件核对完成后，单击"备料完成，下一步"按钮，如图 7-29 所示。

图7-29　SMT在线下单步骤6

在弹出的"温馨提示"对话框中，选择有方向 / 有极性元件（二极管、钽电容、三极管、IC 等）的处理方式，如图 7-30 所示。

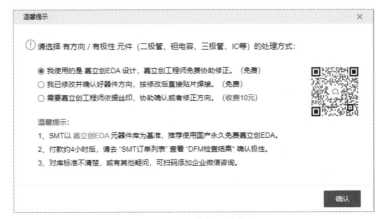

图7-30　SMT在线下单步骤7

最后在 SMT 结算页面确认下单，即可完成 SMT 在线下单，如图 7-31 所示。

图7-31 SMT在线下单步骤8

本章任务

完成本章的学习后，熟悉在嘉立创网站的 PCB 打样在线下单流程、SMT 在线下单流程，以及在立创商城采购元件流程。

本章习题

1. 在网上查找 PCB 打样的流程，简述每个流程的工艺和注意事项。
2. 在网上查找电路板贴片的流程，简述每个流程的工艺和注意事项。

第 8 章

STM32 核心板焊接

本章将介绍 STM32 核心板的焊接。在焊接前，先准备好所需要的工具和材料、各种电子元件和 STM32 核心板空板。本书将焊接的过程分为 5 个步骤，每个步骤都有严格的要求和焊接完成的验证标准。通过本章的学习和实践，读者将掌握焊接 STM32 核心板的技能，以及万用表的简单操作。

8.1 焊接工具和材料

焊接之前先准备好焊接所需的工具和材料，如表 8-1 所示，下面简要介绍。

表8-1 焊接工具和材料清单

编　号	物品名称	图　片	数　量	单　位	编　号	物品名称	图　片	数　量	单　位
1	刀头电烙铁		1	套	4	镊子		1	把
2	焊锡		1	卷	5	万用表		1	套
3	松香		1	盒	6	吸锡带		1	卷

1. 电烙铁

电烙铁有很多种，常用的有内热式、外热式、恒温式和吸锡式。此外，还需要有烙铁架和耐热海绵，烙铁架用于放置电烙铁，耐热海绵用于擦拭烙铁锡渣。耐热海绵在使用时需要加湿，湿度以用手挤海绵不滴水为宜。

电烙铁常用的烙铁头有 4 种：刀头、一字形、马蹄形和尖头，如图 8-1 所示，本书建议初学者直接使用刀头，因为 STM32 核心板焊接空间较大，且所使用的大部分元件都是贴片封装的，刀头适用于焊接多引脚元件以及需要拖焊的场合，这对于焊接 STM32 芯片及排针非常适合。刀头在焊接贴片电阻、电容、电感时也非常方便。

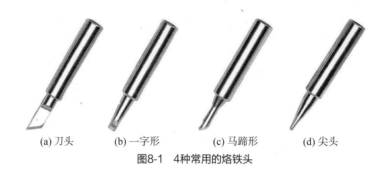

(a) 刀头   (b) 一字形   (c) 马蹄形   (d) 尖头

图8-1 4种常用的烙铁头

（1）电烙铁的正确使用方法

① 先把耐热海绵放到水中泡湿，海绵会迅速吸水膨胀，然后拧干海绵，并将海绵放在海绵槽中。

② 把电烙铁焊台温度控制旋钮旋转到 250～350℃之间，然后打开电源，在升温的过程中把烙铁头插到松香里，然后拿出，当温度恒温时，用锡丝在烙铁头上沾锡，然后把烙铁头在耐热海绵上擦拭，直到烙铁头发亮，最后使烙铁头上均匀地镀上一层锡（亮亮的、薄薄的就可以）。烙铁头洁净发亮，才会容易挂锡。否则，氧化发黑的烙铁头因包裹了一层氧化物而很难将锡熔化，即便温度调到很高也没用。况且，温度调到 400℃以上，持续时间过长，高温会使烙铁头"烧死"，即氧化了，烙铁头会更容易损坏报废。

③ 进行焊接时，尽量控制在低温焊接，即 350℃、300℃、280℃都可以焊接，最好选择 280℃进行焊接，因为高温状态下，除了烙铁头更容易氧化，还会把锡丝中的助焊剂烧焦，产生白色浓烟，造成虚焊或烧伤电路板。

④ 进行元件多引脚焊接操作时，先给一个焊盘上锡，然后放置元件，熔化焊盘上的锡，将焊盘与元件的一个引脚焊接在一起，同时起到固定元件的作用。然后一手拿电烙铁，一手拿锡丝，把锡丝放到元件的另一个引脚与焊盘的连接处，用烙铁头触碰连接处的锡丝，当锡熔化时，迅速拿开锡丝，就会形成一个光亮的焊点。或者先用锡丝在烙铁头上沾点锡，再焊接，重复操作即可完成元件的焊接。注意，焊接时间不宜过长，否则容易烫坏元件。

⑤ 当焊接完成，不需要使用烙铁时，必须在烙铁头上涂锡，以保证烙铁头不会因氧化而无法使用。最后要断电。

（2）电烙铁使用注意事项

① 温度。温度不要超过 400℃，温度太高会加速烙铁头氧化，缩短烙铁寿命，长时间不使用，应关掉电源，以免长时间高温损坏烙铁头。

② 力度。在焊接时，不要用烙铁头用力戳电路板，会损坏烙铁头和电路板。

③ 清洁度。要保证烙铁头的清洁，如果烙铁头发黑，上不了锡，说明烙铁头被氧化了，则必须清洗。先将温度调到 250℃，将烙铁头放到耐热海绵中擦拭清洗，然后上一层锡，再清洗，再上锡，反复操作，直到氧化物被清除干净。注意，不要使用砂纸或锉刀来处理，容易损坏烙铁头的镀层，使烙铁头报废。

④ 防烫。烙铁头温度很高，不要烫伤自己和别人，不使用时，应放到烙铁架上。

2. 镊子

焊接电路板常用的镊子有直尖头和弯尖头两种，建议使用直尖头。

3. 焊锡

常用焊锡材料有锡铅合金焊锡、加锑焊锡、加镉焊锡、加银焊锡、加铜焊锡。常见的线状焊锡称为松香芯焊锡线或焊锡丝。焊锡中的助焊剂是由松香和少量的活性剂组成的。

锡线按是否环保，分为有铅锡线和无铅锡线两种，在有铅锡线中，含锡量最高的是 6337 锡线（含锡：63%，含铅：37%）。除了 6337 锡线，按含锡量的不同又分为 6040、5545、5050、4555 等合金比例的锡线。为什么没有比 6337 更高比例的有铅锡线呢？因为 6337 的锡线是锡与铅的最佳配比，其熔点达到 183℃，适用于大部分元件及电子产品的焊接，且锡的价格比铅的高。

在焊接时，温度控制在 250～350℃之间，因为质量好的锡丝，含锡量高，熔点低，在 250～280℃即可熔化，而质量一般的锡丝其熔点较高，通常在 350℃才可以熔化。含锡量与熔点温度的对照表如表 8-2 所示。

表8-2　含锡量与熔点温度对照表

含　锡　量	熔点温度
63%	183℃
60%	190℃
55%	205℃
50%	215℃
45%	226℃
40%	238℃
35%	247℃
30%	258℃
20%	280℃
10%	300℃

4. 万用表

万用表一般用于测量电压、电流、电阻和电容，以及检测短路。在焊接 STM32 核心板时，万用表主要用于：①测量电压；②测量某个回路的电流；③检测电路是否短路；④测量电阻的阻值；⑤测量电容的容值。

（1）测电压

将黑表笔插入 COM 孔，红表笔插入 VΩ 孔，旋钮旋到合适的"电压"挡（万用表表盘上的电压值要大于待测电压值，且最接近待测电压值的电压挡位）。然后，将两个表笔的尖头分别连接到待测电压的两端（注意，万用表是并联接到待测电压两端的），保持接触稳定，且电路应处于工作状态，电压值即可从万用表显示屏上读取。注意，万用表表盘上的"V-"表示直流电压挡，"V～"表示交流电压挡，表盘上的电压值均为最大量程。由于 STM32 核心板采用直流供电，因此测量电压时，应将旋钮旋到直流电压挡。

（2）测电流

将黑表笔插入 COM 孔，红表笔插入 mA 孔，旋钮旋到合适的"电流"挡（万用表表盘上的电流值要大于待测电流值，且最接近待测电流值的电流挡位）。然后，将两个表笔的尖头分别连接到待测电流的两端（注意，万用表是串联接到待测电流电路中的），保持接触稳定，且电路应处于工作状态，电流值即可从万用表显示屏上读取。注意，万用表表盘上的"A-"表示直流电流挡，"A～"表示交流电流挡，表盘上的电流值均为最大量程。由于 STM32 核心板上只有直流供电，因此测量电流时，应将旋钮旋到直流电流挡。注意，STM32 核心板上的电流均为毫安（mA）级。

（3）检测短路

将黑表笔插入 COM 孔，红表笔插入 VΩ 孔，旋钮旋到"蜂鸣/二极管"挡。然后，将两个表笔的尖头分别连接到待测短路电路的两端（注意，万用表是并联接到待测短路电路两端的），保持接触稳定，将电路板的电源断开。如果万用表蜂鸣器鸣叫且指示灯亮，表示所测电路是连通的；否则，所测电路处于断开状态。

（4）测电阻

将黑表笔插入 COM 孔，红表笔插入 VΩ 孔，旋钮旋到合适的"电阻"挡（万用表表盘上的电阻值要大于待测电阻值，且最接近待测电阻值的电阻挡位）。然后，将两个表笔的尖头分别连接到待测电阻两端（注意，万用表是并联接到待测电阻两端的），保持接触稳定，将电路板的电源断开，电阻值即可从万用表显示屏上读取。如果直接测量某一电阻，可将两个表笔的尖头连接到待测电阻的两端直接测量。注意，电路板上某一电阻的阻值一般小于标识阻值，因为电路板上的电阻与其他等效网络并联，并联之后的阻值小于其中任何一个电阻阻值。

（5）测电容

将黑表笔插入 COM 孔，红表笔插入 VΩ 孔，旋钮旋到合适的"电容"挡（万用表表盘上的电容值要大于待测电容值，且最接近待测电容值的电容挡位）。然后，将两个表笔的尖头分别连接到待测电容两端（注意，万用表是并联接到待测电容两端的），保持接触稳定，电容值即可从万用表显示屏上读取。注意，待测电容应为未焊接到电路板上的电容。

5. 松香

松香在焊接中作为助焊剂，起助焊作用。从理论上讲，助焊剂的熔点比焊料的低，其比重、黏度、表面张力都比焊料的小，因此在焊接时，助焊剂先熔化，很快流浸、覆盖于焊料表面，起到隔绝空气防止金属表面氧化的作用，并能在焊接的高温下与焊锡及被焊金属的表面发生氧化反应，使之熔化，还原纯净的金属表面。合适的焊锡有助于焊出满意的焊点形状，并保持焊点的表面光泽。松香是常用的助焊剂，它是中性的，不会腐蚀电路元件和烙铁头。松香的具体使用方法因个人习惯而不同，有人习惯每焊完一个元件，都将烙铁头在松香上浸一下，有人只在烙铁头被氧化，不太方便使用时，才会在上面浸一些松香。松香的使用方法也很简单，打开松香盒，把通电的烙铁头在上面浸一下即可。如果焊接时使用的是实心焊锡，加一些松香是必要的；如果使用松香锡焊丝，则可不单独使用松香。

6. 吸锡带

在焊接引脚密集的贴片元件时，很容易因焊锡过多导致引脚短路，使用吸锡带就可以"吸走"多余的焊锡。吸锡带的使用方法很简单，用剪刀剪下一小段吸锡带，用电烙铁加热使其表面蘸上一些松香，然后用镊子夹住将其放在焊盘上，再用电烙铁压在吸锡带上，当吸锡带变为银白色时即表明焊锡被"吸走"了。注意，吸锡时不可用手碰吸锡带，以免烫伤。

7. 其他工具

常用的焊接工具还包括吸锡枪、热风枪等，如需了解其他焊接工具和材料，可以查阅相关教材或网站。

8.2　STM32核心板焊接步骤

准备好 STM32 核心板空板、焊接工具和材料、元件后，就可以开始电路板的焊接。

很多初学者在学习焊接时，常常拿到一块电路板就急着把所有的元件全部焊上去。由于在焊接过程中没有经过任何测试，最终通电后，电路板要么不工作，要么被烧坏，而真正一次性焊接好并验证成功的很少。而且，出了问题，也不知道从何处解决。

尽管 STM32 核心板电路不是很复杂，但是要想一次性焊接成功，还是有一定难度的。本章将 STM32 核心板焊接分为 5 个步骤，每个步骤完成后都有严格的验证标准，出了问题可以快速找到问题。即使从未接触过焊接的新手，也能迅速掌握焊接技能。

STM32 核心板焊接的 5 个步骤如表 8-3 所示，每一步都列出了需要焊接的元件，而且每一步焊接完成后，都有对应的验证标准。

表8-3　STM32核心板焊接步骤

步　骤	模　块	需要焊接的元件位号	验证标准
1	STM32 微控制器	U2	STM32 芯片各引脚不能短路，也不能虚焊
2	通信－下载模块接口电路、电源转换电路	CN1、R6、PWR、D1、C1、U1、C2、C4、L1、C3	5V、3.3V 电源和 GND 相互之间不短路，通电后电源指示灯能正常点亮，电压测量正常
3	STM32 微控制器电路、复位按键电路、晶振电路、LED 电路	C12、C13、L2、C14、C15、C16、C17、C18、R16、R17、R19、R20、R21、R18、C19、RST、X1、C5、C6、X2、C7、C8、R7、R8、LED1、LED2	STM32 核心板能够正常下载程序，且下载完成程序后，蓝灯和绿灯交替闪烁，串口能通过通信－下载模块向计算机发送数据
4	OLED 显示屏模块接口电路	R12、R13、R14、R15、H1	OLED 显示屏正常显示字符、日期和时间
5	JTAG/SWD 调试接口电路、外扩引脚	R1、R2、R3、R4、R5、P1、R9、R10、R11、C9、C10、C11、KEY1、KEY2、KEY3、H2、J1、J2、J3	能够使用 ST-Link 仿真－下载器连接 JTAG/SWD 调试接口进行程序下载和调试。3 个按键按下、弹起测试通过

8.3　STM32核心板分步焊接

焊接前首先按照要求准备好焊接工具和材料，包括电烙铁、焊锡、镊子、松香、万用表、吸锡带等，同时也备齐 STM32 核心板的元件。

8.3.1　焊接第1步

焊接第 1 步完成后的效果图如图 8-2 所示。

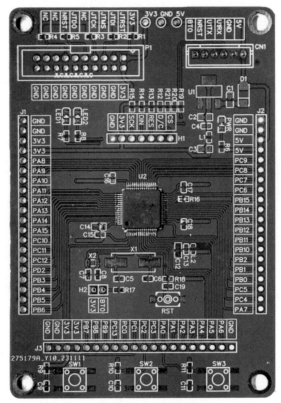

图8-2　焊接第1步完成后的效果图

焊接说明：拿到 STM32 核心板空板后，首先要使用万用表测试 5V、3.3V 电源和 GND 相互之间有没有短路。如果短路，直接更换一块新板，并检测确认无短路，然后将准备好的 STM32F103RCT6 芯片焊接到 U2 所指示的位置，焊接方法可参考 8.4.1 节。注意，STM32F103RCT6 芯片的 1 号引脚务必与电路板上的 1 号引脚对应，切勿将芯片方向焊错。

验证方法：使用万用表测试 STM32 芯片各相邻引脚之间无短路，芯片引脚与焊盘之间没有虚焊。由于 STM32 芯片的绝大多数引脚都被引到排针上，因此，测试相邻引脚之间是否短路可以通过检测相对应的焊盘之间是否短路进行验证。虚焊可以通过测试芯片引脚与对应的排针上的焊盘是否短路进行验证。这一步非常关键，尽管烦琐，但是绝不能疏忽。如果这一步没有达标，则无法进行后续焊接工作。

8.3.2　焊接第2步

焊接第 2 步完成后的效果图如图 8-3 所示。

焊接说明：每焊接完一个元件，都用万用表测试是否有短路现象，即测试 5V、3.3V 电源和 GND 之间是否短路。此外，二极管（D1）和发光二极管（PWR）都是有极性的，切莫将方向焊反，通信-下载模块接口（CN1）的缺口应朝外。本书将电源模块电路的焊接放在第 2 步，是考虑到新手焊接 STM32 芯片会有难度，若主控芯片没有焊接成功，那么即便电源模块焊接好了，电路板也不能正常工作。初学者熟练掌握焊接的技巧后，再焊接其他电路板应优先电源部分。

验证方法：在通电之前，首先检查 5V、3.3V 电源和 GND 之间是否短路。确认没有短路，再使用通信－下载模块连接计算机对 STM32 核心板供电。供电后，使用万用表的电压挡检测 5V 和 3.3V 测试点的电压是否正常。STM32 核心板的电源指示灯（PWR）应为红色点亮状态。

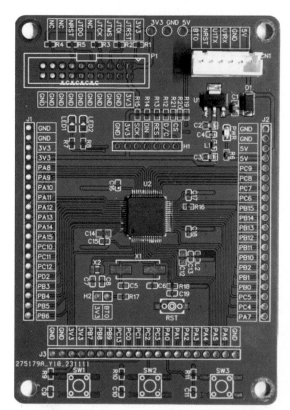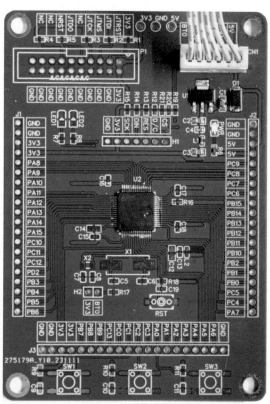

图8-3　焊接第2步完成后的效果图

8.3.3　焊接第3步

焊接第 3 步完成后的效果图如图 8-4 所示。

焊接说明：每焊接完一个元件，都要测试是否有短路现象。此外，发光二极管（LED1、LED2）是有极性的，切莫将方向焊反。

验证方法：在通电之前，首先检查电路板是否短路。确认没有发生短路，再使用通信－下载模块对 STM32 核心板供电。供电后，使用 mcuisp 软件将 STM32KeilPrj.hex 下载到 STM32 芯片。正常状态是程序下载后，按 RST 按键复位，电路板上的蓝灯和绿灯交替闪烁，串口能正常向计算机发送数据。下载程序和查看串口发送数据的方法可以参考 9.3 节、9.4 节。

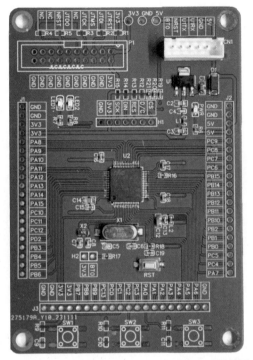
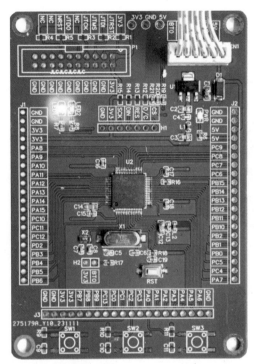

图8-4 焊接第3步完成后的效果图

8.3.4 焊接第4步

焊接第 4 步完成后的效果图如图 8-5 所示。

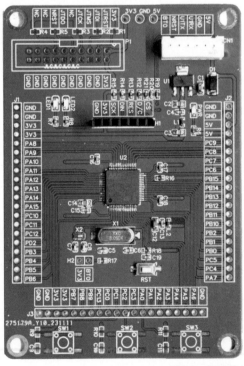

图8-5 焊接第4步完成后的效果图

焊接说明：每焊接完一个元件，都要测试是否有短路现象。

验证方法：将 OLED 显示屏模块插在 H1 排母上，通电后按 RST 按键复位，OLED 能够正常显示日期和时间。

8.3.5　焊接第5步

焊接第 5 步完成后的效果图如图 8-6 所示。

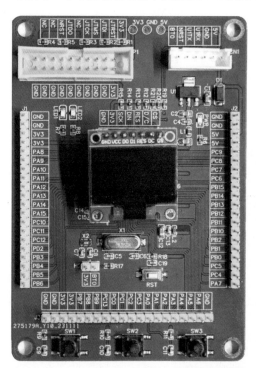

图8-6　焊接第5步完成后的效果图

焊接说明：每焊接完一个元件，都要测试是否有短路现象。JTAG/SWD 调试接口（J8）的缺口朝外，切莫将方向焊反。

验证方法：将 ST-Link 仿真－下载器连接到 JTAG/SWD 调试接口进行程序下载，下载方法可参考 9.5 节。通过串口查看 3 个按键按下、弹起的信息。

8.4　元件焊接方法详解

下面介绍 STM32 芯片、贴片电阻、发光二极管、肖特基二极管、低压差线性稳压电源芯片和直插元件的焊接方法。

8.4.1　STM32F103RCT6芯片焊接方法

STM32 核心板上最难焊接的当属封装为 LQFP64 的 STM32F103RCT6 芯片。对于刚刚接触焊接的初学者来说，引脚密集的芯片常会让人感到头痛，尤其是这种 LQFP 封装的芯片，因为这种芯片的相邻引脚间距通常只有 0.5mm 或 0.8mm。实际上，只要掌握了焊接技巧，焊接起来也会很简单。

对于焊接贴片元件来说，元件的固定非常重要。有两种常用的元件固定方法，即单脚固定法和多脚固定法。对于像电阻、电容、二极管等引脚数为 2 的元件，常常采用单脚固定法。而对于多引脚且引脚密集的元件（如各种芯片），则建议采用多脚固定法。此外，焊接时要注意控制时间，既不能太长也不能太短。时间过长容易损坏元件，时间太短则焊锡不能充分熔化，造成焊点不光滑、有毛刺、不牢固，还可能出现虚焊现象。

焊接 STM32F103RCT6 芯片所采用的元件固定方法就是多脚固定法。下面详细介绍如何焊接 STM32F103RCT6 芯片。

（1）往 STM32F103RCT6 芯片封装的所有焊盘上涂一层薄薄的锡，如图 8-7 所示。

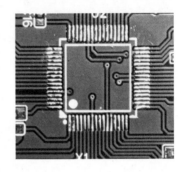

图8-7　往焊盘上涂锡

（2）将 STM32F103RCT6 芯片放置在 U2 位置，如图 8-8 所示，在放置时务必确保芯片上的圆点与电路板上丝印的圆点同向，而且放置时芯片的引脚要与电路板上的焊盘一一对齐，这两点非常重要。芯片放置好后，用镊子或手指轻轻压住以防芯片移动。

（3）用电烙铁的斜刀口轻压一边的引脚，把锡熔掉从而将引脚和焊盘焊在一起，如图 8-9 所示。注意，在焊接第一条边时，务必将芯片紧紧压住以防止芯片移动。再以同样的方法焊接其余三边的引脚。

图8-8　放置芯片　　　　　　　　　图8-9　焊接引脚

（4）STM32F103RCT6 芯片焊完之后，还有很重要的一步，就是用万用表检测 64 个引脚之间是否存在短路，以及每个引脚是否与对应的焊盘虚焊。短路主要是由于相邻引脚之间的锡渣把引脚连在一起所导致的。检测短路前，先将万用表旋到"短路检测"挡，然后将红、黑表笔分别放在 STM32F103RCT6 芯片引出到排针的引脚上，如果万用表发出蜂鸣声，则表明两个引脚短路。虚焊是引脚和焊盘没有焊在一起。将红、黑表笔分别放在引脚和对应的焊盘上，如果蜂鸣器不响，则说明该引脚和焊盘没有焊在一起，即虚焊，需要补锡。

（5）清除多余的焊锡。清除多余的焊锡有两种方法：吸锡带吸锡法和电烙铁吸锡法。①吸锡带吸锡法：在吸锡带上添加适量的助焊剂（松香），然后用镊子夹住吸锡带紧贴焊盘，把干净的烙铁头放在吸锡带上，待焊锡被吸入吸锡带中时，再将烙铁头和吸锡带同时撤离焊盘。如果吸锡带粘在了焊盘上，千万不要用力拉扯吸锡带，因为强行拉扯会导致焊盘脱落或将引脚扯歪。正确的处理方法是，重新用烙铁头加热后，再轻拉吸锡带使其顺利脱离焊盘。②电烙铁吸锡法：在需要清除焊锡的焊盘上添加适量的松香，然后用干净的烙铁头把锡渣熔化后将其一点点地吸附到烙铁头上，再用耐热海绵把烙铁头上的锡渣擦拭干净，重复上述操作直到把多余的焊锡清除干净为止。

8.4.2　贴片电阻焊接方法

本书中贴片电阻的焊接采用单脚固定法。

（1）先往贴片电阻的一个焊盘上加适量的锡，如图 8-10 所示。

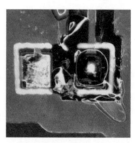

图8-10　往贴片电阻的一个焊盘上加锡

（2）使用烙铁头把（1）中的锡熔掉，用镊子夹住电阻，轻轻地将电阻的一个引脚推入熔化的焊锡中。然后移开烙铁头，此时电阻的一个引脚已经固定好，如图 8-11 所示。如果电阻的位置偏了，需要把锡熔掉，重新调整位置。

（3）如图 8-12 所示，将锡丝放在电阻的另一个引脚与焊盘连接处，然后用烙铁头将锡熔化，加锡要快，焊点要饱满、光滑、无毛刺。

图8-11　焊接贴片电阻的一个引脚　　　　　　　　图8-12　焊接贴片电阻的另一个引脚

8.4.3　发光二极管（LED）焊接方法

与焊接贴片电阻的方法类似，焊接发光二极管（LED）也采用单脚固定法。

（1）发光二极管与电阻不同，电阻没有极性，而发光二极管有极性。首先往发光二极管

的正极所在的焊盘上加适量的锡，如图 8-13 所示。发光二极
管的正负极焊盘可根据元件封装上的白色丝印判断，左边有双
杠，且三角形箭头指向的焊盘为负极，右边的焊盘为正极。

（2）使用烙铁头把（1）中的锡熔掉，用镊子夹住发光二
极管，轻轻地将发光二极管的正极（绿色的一端为负极，非绿
色一端为正极）引脚推入熔化的焊锡中，然后移开烙铁头，此
时发光二极管的正极引脚已经固定好，如图 8-14 所示。注意，
烙铁头不可碰及发光二极管灯珠胶体，以免因高温损坏。

图8-13　往发光二极管正极
所在焊盘上加锡

（3）用与焊接贴片电阻同样的方法焊接发光二极管的负极引脚，如图 8-15 所示。焊接
完后检查发光二极管的极性方向是否正确。

图8-14　焊接发光二极管的正极引脚

图8-15　焊接发光二极管的负极引脚

8.4.4　肖特基二极管（SS210）焊接方法

焊接肖特基二极管（SS210）仍采用单脚固定法，在焊接时也要注意极性。

（1）肖特基二极管也有极性，极性的判断方法与发光二极管类似。首先往肖特基二极管
负极所在的焊盘上加适量的锡，如图 8-16 所示。

（2）使用烙铁头把（1）中的锡熔掉，用镊子夹住肖特基二极管，轻轻将负极（有竖向
线条的一端为负极）引脚推入熔化的焊锡中，然后移开烙铁头，此时肖特基二极管的负极引
脚已经固定好，如图 8-17 所示。

（3）用与焊接贴片电阻同样的方法焊接正极，如图 8-18 所示。焊接完后检查肖特基二
极管的极性方向是否正确。

图8-16　往肖特基二极管负极
所在的焊盘上加锡

图8-17　焊接肖特基二极管的负极引脚

图8-18　焊接肖特基二极管的
正极引脚

8.4.5　低压差线性稳压芯片（AMS1117）焊接方法

STM32 核心板上的低压差线性稳压芯片（AMS1117）有 4 个引脚，焊接采用单脚固定法。下面详细介绍焊接低压差线性稳压芯片（AMS1117）的方法。

（1）先往低压差线性稳压芯片（AMS1117）的最大引脚所对应的焊盘上加适量的锡，再用镊子夹住芯片，轻轻地将最大引脚推入熔化的焊锡中，然后移开电烙铁，此时芯片最大的引脚已经固定好，如图 8-19 所示。

（2）分别向其余 3 个引脚加锡，如图 8-20 所示。

图8-19　焊接低压差线性稳压芯片的最大引脚　　　　图8-20　焊接低压差线性稳压芯片的其余引脚

8.4.6　直插元件焊接方法

下面以焊接 2 脚排针为例，介绍如何焊接直插元件。

（1）将 2 脚排针插入对应的位置，注意将短针插入电路板中，如图 8-21 所示。

（2）将电路板反过来放置，用烙铁头给其中一个焊盘加锡，如图 8-22 所示。

（3）用同样的方法焊接另一个引脚，如图 8-23 所示。焊接完后检查是否存在短路和虚焊现象。

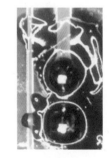

图8-21　将2脚排针插入电路板上相应的位置　　　图8-22　给其中一个焊盘加锡　　　图8-23　焊接另一个引脚

本章任务

学习完本章后，应能熟练使用焊接工具，完成至少一块 STM32 核心板的焊接，并验证通过。

本章习题

1. 焊接电路板的工具有哪些？简述每种工具的功能。

2. 万用表是进行焊接和调试电路板的常用仪器，简述万用表的功能。

第9章

STM32 核心板程序下载与验证

本章介绍 STM32 核心板的程序下载与验证，即先将 STM32 核心板连接到计算机上，再通过软件向 STM32 核心板下载程序，观察 STM32 核心板的工作状态。

9.1　将通信−下载模块连接到STM32核心板

将 Mini-USB 线的公口（B 型插头）连接到通信−下载模块的 USB 接口上，将 XH-6P 双端线连接到通信−下载模块的白色 XH-6A 底座上。然后，将 XH-6P 双端线接在 STM32 核心板的 CN1 底座上，如图 9-1 所示。最后，将 Mini-USB 线的公口（A 型插头）插在计算机的 USB 接口上。

图9-1　STM32核心板连接实物图

9.2　安装CH340驱动

安装通信－下载模块驱动。在本书配套资料包的 Software 目录下找到"CH340 驱动（USB 串口驱动）_XP_WIN7 共用"文件夹，双击运行 SETUP.EXE，单击"安装"按钮，在弹出的 DriverSetup 对话框中单击"确定"按钮，即可安装完成，如图 9-2 所示。

驱动安装成功后，将通信－下载模块通过 Mini-USB 线连接到计算机，然后在计算机的设备管理器里找到 USB 串口，如图 9-3 所示。注意，串口号不一定是 COM3，每台计算机可能会有所不同。

图9-2　安装通信－下载模块驱动

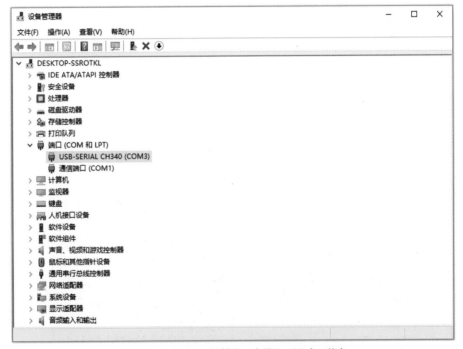

图9-3　计算机的设备管理器中显示USB串口信息

9.3　通过mcuisp下载程序

参考图 9-1 连接 STM32 核心板与计算机，然后在 Software 目录下找到并双击运行 mcuisp 软件，如图 9-4 所示，单击"搜索串口（X）"按钮，根据图 9-3 所示选择串口，即 Port 选择 COM3，如果串口显示"占用"，则尝试重新插拔通信－下载模块，直到显示"空闲"字样。bps 设为 115200，下载配置设为"DTR 的低电平复位，RTS 高电平进BootLoader"。

图9-4　使用mcuisp进行程序下载步骤1

如图 9-5 所示，单击█按钮，选择 STM32KeilPrj.hex 文件（在本书配套资料包中的 STM32Keil Project\HexFile 目录下）。然后，勾选"编程前重装文件""校验"和"编程后执行"项。最后，单击"开始编程（P）"按钮，出现"命令执行完毕，一切正常"表示程序下载成功。

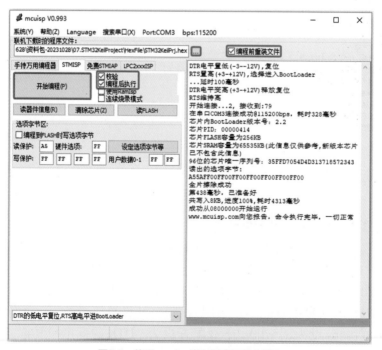

图9-5　使用mcuisp进行程序下载步骤2

按 STM32 核心板上的复位按键，可以观察到蓝色 LED 和绿色 LED 交替闪烁，OLED
显示屏正常显示，如图 9-6 所示。

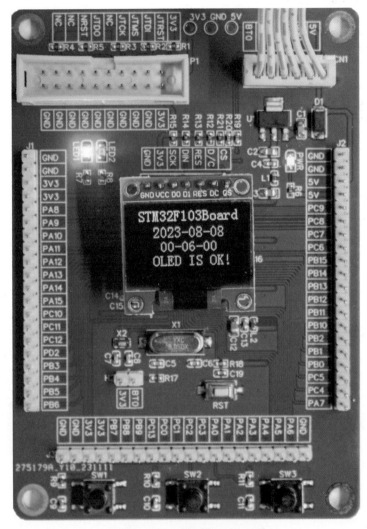

图9-6　STM32核心板正常工作

9.4　通过串口助手查看接收数据

使用串口助手之前，先关闭 mcuisp 软件。然后在 Software 目录下找到并双击运行
SSCOM 软件，如图 9-7 所示，端口号选择 COM3，与 mcuisp 串口号一致，波特率设为
115200，取消勾选 "HEX 显示"项，单击 "打开串口"按钮。分别按 STM32 核心板上的
3 个按键和复位按键，在串口助手的窗口中会显示按键按下和弹起的信息，表示通过串口助
手查看接收数据成功。注意，实验完成后，先单击 "关闭串口"按钮将串口关闭，再关闭
STM32 核心板的电源。

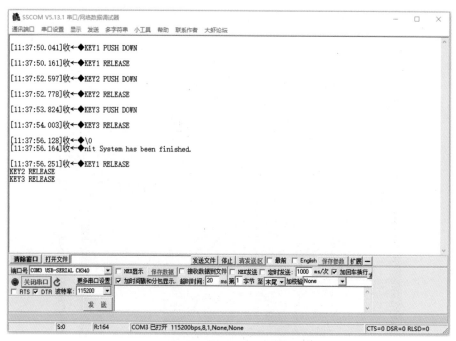

图9-7　串口助手操作步骤

9.5　通过ST-Link仿真−下载器下载程序

在图 9-1 连接的基础上，将 Mini-USB 线的公口（B 型插头）连接到 ST-Link 仿真 – 下载器；将 20P 灰排线的一端连接到 ST-Link 仿真 – 下载器，另一端连接到 STM32 核心板的 JTAG/SWD 调试接口（编号为 P1）。最后将两条 Mini-USB 线的公口（A 型插头）均连接到计算机的 USB 接口，如图 9-8 所示。注意，ST-Link 仿真 – 下载器只用于下载程序，不能用于供电。

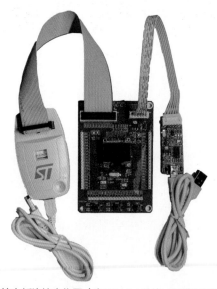

图9-8　STM32核心板连接实物图（含ST-Link仿真−下载器和通信−下载模块）

在 Software 目录下找到并打开"ST-Link 驱动"文件夹，找到应用程序 dpinst_amd64.exe 和 dpinst_x86.exe，如图 9-9 所示。双击 dpinst_amd64 即可安装，如果提示错误，可以先将 dpinst_amd64 卸载，再双击并安装 dpinst_x86（注意，dpinst 仅需安装一个）。

ST-Link 仿真−下载器驱动安装成功后，可以在设备管理器中看到 STM32 STLink，如图 9-10 所示。

图9-9　ST-Link仿真−下载器驱动安装包

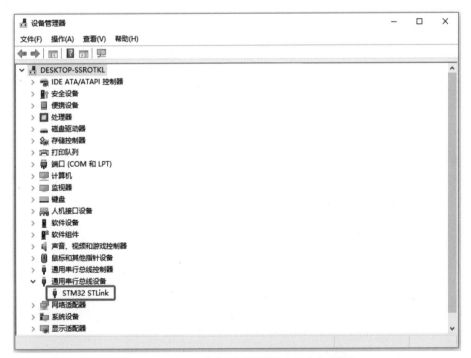

图9-10　ST-Link仿真−下载器驱动安装成功示意图

在本书配套资料包中的 STM32KeilProject\STM32KeilPrj\Project 目录下，双击并运行 STM32KeilPrj.uvprojx，如图 9-11 所示，单击 ✕ 按钮，进入设置界面。

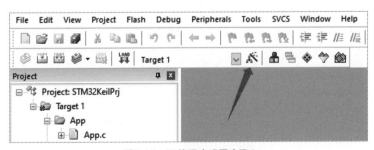

图9-11　下载程序设置步骤1

如图 9-12 所示，在弹出的 Options for Target 'Target 1' 对话框中的 Debug 标签页中，在 Use 下拉菜单中选择 ST-Link Debugger，然后单击 Settings 按钮。

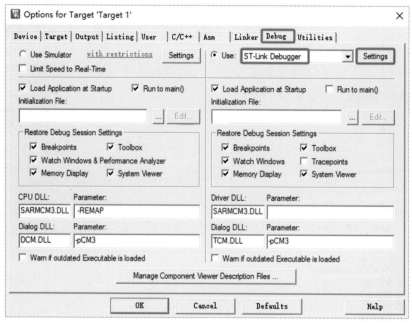

图9-12　下载程序设置步骤2

如图 9-13 所示，在弹出的 Cortex-M Target Driver Setup 对话框中的 Debug 标签页中，在 Port 下拉菜单中选择 SW，然后单击"确定"按钮。

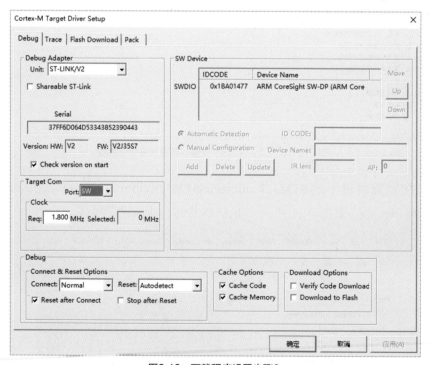

图9-13　下载程序设置步骤3

如图 9-14 所示，在 Options for Target 'Target 1' 对话框中，打开 Utilities 标签页，勾选 Use Debug Driver 和 Update Target before Debugging 项，最后单击 OK 按钮。

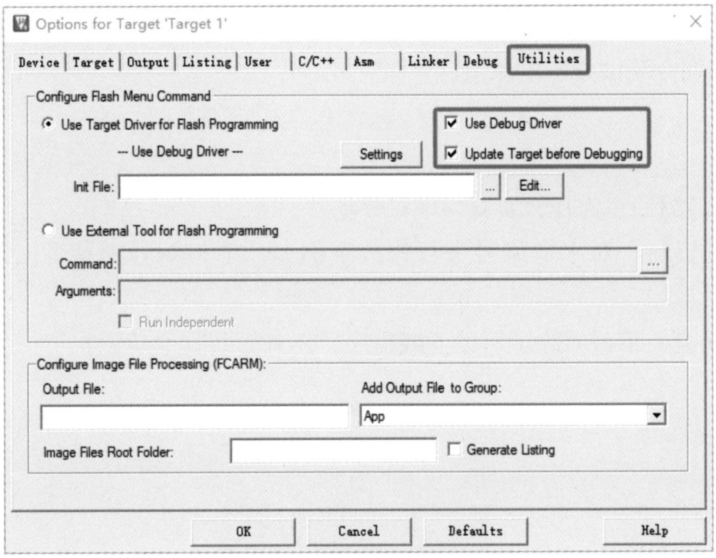

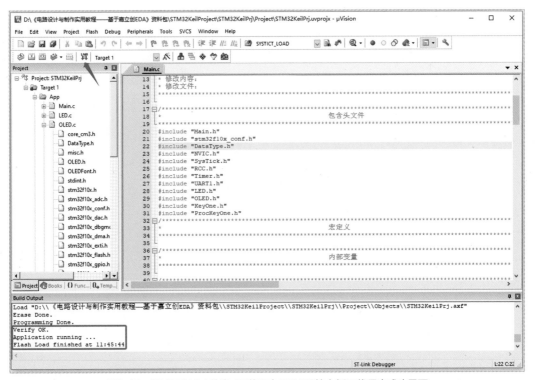

图9-14 下载程序设置步骤4

下载程序设置完成后，在如图 9-15 所示的界面中，单击 按钮，将程序下载到 STM32 核心板，下载成功后，在 Build Output 面板中将出现如图 9-15 所示的字样，表明程序已经通过 ST-Link 仿真－下载器成功下载到 STM32 核心板中。

图9-15 通过ST-Link仿真－下载器向STM32核心板下载程序成功界面

本章任务

学习完本章后，应能熟练使用通信 – 下载模块进行 STM32 核心板程序下载，也能熟练使用 ST-Link 仿真 – 下载器进行 STM32 核心板程序下载，并使用万用表测试 STM32 核心板上的 5V 和 3.3V 两个测试点的电压值。

本章习题

1. 什么是串口驱动？为什么要安装串口驱动？

2. 通过查询资料，对串口编号进行修改。例如，串口编号默认为 COM1，将其改为 COM4。

3. ST-Link 仿真 – 下载器除了可以下载程序，还有哪些其他功能？

第10章

创建元件原理图符号和 PCB 封装

一名高效的硬件工程师通常会按照一定的标准和规范创建自己的元件库，这就相当于为自己量身打造了一款尖兵利器，这种统一和可重用的特点能够帮助工程师在进行硬件电路设计时提高效率。对企业而言，建立属于自己的元件库更为重要，在元件库的制作及使用方面制定严格的规范，既可以约束和管理硬件工程师，又能通过加强产品硬件设计规范来提升产品协同开发的效率。

可见，规范化的元件库对于硬件电路的设计开发非常重要。尽管嘉立创 EDA 已经提供了丰富的元件库资源，但考虑到元件种类众多及个性化的设计需求，有必要建立自己专属的既精简又实用的元件库。鉴于此，本章将以 STM32 核心板所使用的元件为例，重点介绍元件库的制作。

每个元件都有非常严格的标准，都与实际的某个品牌、型号一一对应，并且每个元件都有完整的元件信息（如名称、封装、编号、供应商、供应商编号、制造商、制造商料号）。这种按照严格标准制作的元件库会让设计变得简单、可靠、高效。学习完本章后，读者可参照本书提供的标准，或对其进行简单的修改，来制作自己的元件库。

10.1 创建元件原理图符号

原理图库由一系列元件的图形符号组成。尽管嘉立创 EDA 提供了大量的原理图符号，但在电路设计过程中，仍有一些原理图符号无法在库里找到，或者嘉立创 EDA 已有的原理图符号不能满足设计者的需求。因此，设计者有必要掌握自行设计原理图符号的技能，并能够建立个人的原理图库。

10.1.1 创建元件原理图符号的流程

创建元件原理图符号的流程如图 10-1 所示。如果需要在原理图库中添加不止一种元件的原理图符号，可以通过重复②～⑥的操作来实现。

10.1.2 新建符号

执行菜单栏命令"文件"→"新建"→"符号"，打开新建符号设计界面，如图 10-2 所示。

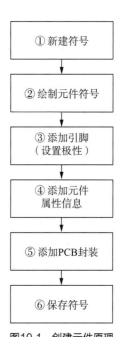

图10-1 创建元件原理图符号的流程

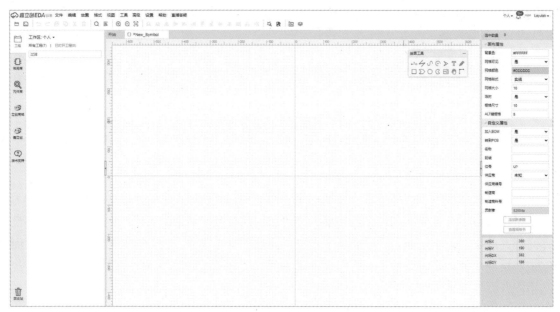

图10-2　新建符号设计界面

10.1.3　制作电阻原理图符号

1. 绘制元件符号

首先，在"画布属性"面板中将网格大小和栅格尺寸设置为 10，Alt 键栅格设置为 5。单击"绘图工具"面板中的 ⚡ 按钮，按 Alt 键，绘制如图 10-3 所示的电阻原理图符号的边框。

然后，单击"绘图工具"面板中的 ⊶ 按钮，添加电阻原理图符号的引脚 1，如图 10-4 所示。注意，引脚的电气连接点应朝外，因为它是用于连接导线的连接点。

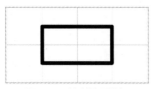

图10-3　绘制符号边框

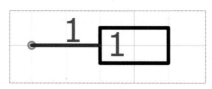

图10-4　放置符号引脚

接下来需要编辑引脚属性。单击选中引脚 1，在"引脚属性"面板中设置"显示名称"和"显示编号"均为"否"；设置引脚的长度为 10。因为引脚的长度改变了，所以需要拖动引脚连接边框，引脚 1 的最终效果如图 10-5 所示。

图10-5　编辑引脚1的属性

以同样的方法编辑引脚 2 的属性。最终的电阻原理图符号如图 10-6 所示。

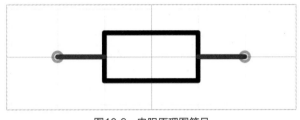

图10-6　电阻原理图符号

2. 添加属性信息

在"自定义属性"面板中可以设置电阻的名称、封装和位号等信息。本书选用立创商城编号为 C25804 的 10kΩ 电阻（0603 封装），其详细信息如图 10-7 所示。

图10-7　电阻信息

如图 10-8 所示，根据立创商城所给信息设置电阻的属性。名称为 10kΩ ± 1%；封装为 R0603；位号为 R？；供应商选择"立创商城"；供应商编号为 C25804；制造商选择 UNI-ROYAL（厚声）；制造商料号为 0603WAF1002T5E。

添加封装的方法是：单击"自定义属性"面板中"封装"文本框，打开"封装管理器"对话框，如图 10-9 所示。在右侧"搜索封装"搜索框中用封装的关键词进行搜索，如搜索 0603 或 R0603，在"库别"下拉菜单中选择"立创商城（2）"，在搜索结果中单击选中一个封装后可以查看"封装焊盘信息"，根据实际需求选择其中一个，然后单击"更新封装"按钮即可分配封装。更新成功后，单击"取消"按钮，关闭对话框。

自定义属性	
加入BOM	是
转到PCB	是
名称	10kΩ ±1%
封装	R0603
位号	R?
供应商	立创商城
供应商编号	C25804
制造商	UNI-ROYAL(厚声)
制造商料号	0603WAF1002T5E

图10-8　设置电阻属性

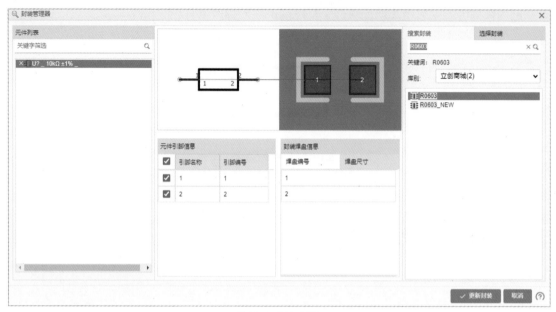

图10-9　添加封装

执行菜单栏命令"文件"→"保存"，打开"保存为符号"对话框，单击"保存"按钮，如图 10-10 所示。

图10-10　保存符号

到此，10kΩ 电阻的原理图符号已经制作完毕，在"元件库"→"我的个人库"→"全部"中可以找到，如图 10-11 所示。

图10-11　个人库中的10kΩ电阻原理图符号

10.1.4　制作蓝色发光二极管原理图符号

1. 绘制元件符号

新建符号，然后单击"绘图工具"面板中的 ▷ 按钮，绘制如图 10-12 所示的发光二极管原理图符号边框。

单击选中发光二极管的边框，在"多边形"面板中，将颜色和填充颜色均设置为蓝色（#0000FF），如图 10-13 所示。

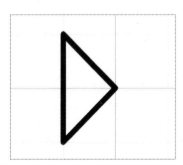

图10-12　绘制发光二极管原理图符号边框

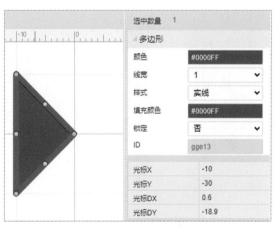

图10-13　设置颜色

按照图 10-14 所示的原理图符号，单击"绘图工具"面板中的 ⚡ 按钮绘制其余直线，再将直线和多边形的颜色设置为蓝色。

单击"绘图工具"面板中的 按钮，给蓝色发光二极管添加引脚。注意，发光二极管有正负极之分，如图 10-15 所示。

图10-14 蓝色发光二极管原理图符号

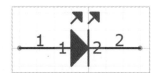

图10-15 发光二极管极性示意图

接下来编辑引脚属性，单击选中引脚 1，在"引脚属性"面板中设置名称为 A（即 Anode，表示正极），显示名称、显示编号均选择"否"；设置长度为10，如图10-16所示。

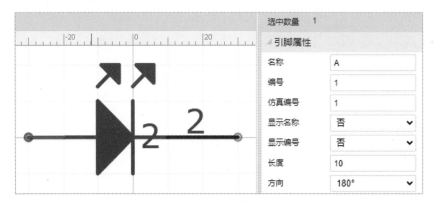

图10-16 编辑引脚1的属性

引脚 2 的属性如图 10-17 所示，名称为 K（即 Kathode，表示负极）。

添加引脚后的蓝色发光二极管原理图符号如图 10-18 所示。

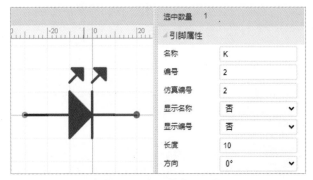

图10-17 编辑引脚2的属性

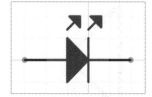

图10-18 添加引脚后的蓝色发光二极管原理图符号

2. 添加属性信息

在"自定义属性"面板中设置蓝色发光二极管的属性。以立创商城编号为 C84259 的蓝色发光二极管（0805 封装）为例，其详细信息如图 10-19 所示。

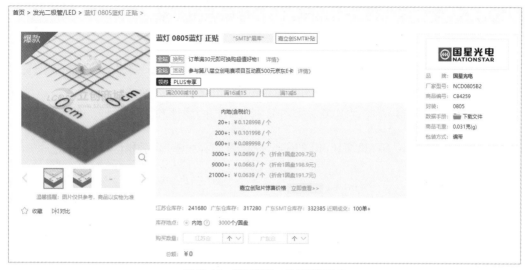

图10-19　蓝色发光二极管详细信息

　　参照给电阻添加"自定义属性"的方法，根据上述信息设置蓝色发光二极管的属性，如图 10-20 所示。

　　在"封装管理器"对话框中，选择蓝色发光二极管的封装（LED0805_BLUE），单击"更新封装"按钮分配封装，如图 10-21 所示。注意，选择封装时要分辨正负极。最后，保存蓝色发光二极管的原理图符号。

图10-20　设置蓝色发光二极管的属性

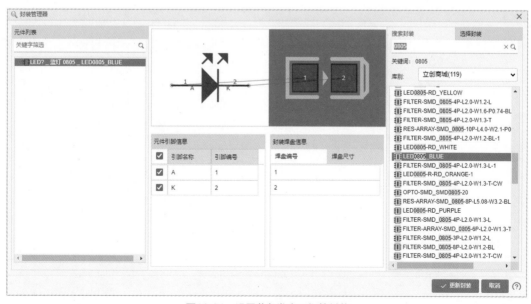

图10-21　设置蓝色发光二极管封装

10.1.5 制作STM32F103RCT6芯片原理图符号

1. 绘制元件符号

本节以 STM32F103RCT6 芯片为例，介绍如何使用符号向导来创建复杂的原理图符号。下载模板表格（https://image.lceda.cn/files/Schematic-Library-Wizard-Template.xlsx），打开表格后，编辑 STM32F103RCT6 芯片原理图符号部分引脚的属性和方位，如表 10-1 所示。

表10-1 STM32F103RCT6芯片原理图符号部分引脚的属性和方位表

Number	Name	Number Display	Name Display	Clock	Show	Electric	Position
1	VBAT	Yes	Yes	No	Yes	Undefined	Left
2	PC13-TAMPER-RTC	Yes	Yes	No	Yes	Undefined	Left
3	PC14-OSC32_IN	Yes	Yes	No	Yes	Undefined	Left
4	PC15-OSC32_OUT	Yes	Yes	No	Yes	Undefined	Left
5	PD0-OSC_IN	Yes	Yes	No	Yes	Undefined	Left
6	PD1-OSC_OUT	Yes	Yes	No	Yes	Undefined	Left
7	NRST	Yes	Yes	No	Yes	Undefined	Left
8	PC0	Yes	Yes	No	Yes	Undefined	Left
9	PC1	Yes	Yes	No	Yes	Undefined	Left
10	PC2	Yes	Yes	No	Yes	Undefined	Left
11	PC3	Yes	Yes	No	Yes	Undefined	Left
12	VSSA	Yes	Yes	No	Yes	Undefined	Left
13	VDDA	Yes	Yes	No	Yes	Undefined	Left
14	PA0-WKUP	Yes	Yes	No	Yes	Undefined	Left
15	PA1	Yes	Yes	No	Yes	Undefined	Left
16	PA2	Yes	Yes	No	Yes	Undefined	Left
17	PA3	Yes	Yes	No	Yes	Undefined	Left
18	VSS_4	Yes	Yes	No	Yes	Undefined	Left
19	VDD_4	Yes	Yes	No	Yes	Undefined	Left
20	PA4	Yes	Yes	No	Yes	Undefined	Left
21	PA5	Yes	Yes	No	Yes	Undefined	Left
22	PA6	Yes	Yes	No	Yes	Undefined	Left
23	PA7	Yes	Yes	No	Yes	Undefined	Left
24	PC4	Yes	Yes	No	Yes	Undefined	Left
25	PC5	Yes	Yes	No	Yes	Undefined	Left
26	PB0	Yes	Yes	No	Yes	Undefined	Left
27	PB1	Yes	Yes	No	Yes	Undefined	Left
28	PB2	Yes	Yes	No	Yes	Undefined	Left
29	PB10	Yes	Yes	No	Yes	Undefined	Left
30	PB11	Yes	Yes	No	Yes	Undefined	Left

续表

Number	Name	Number Display	Name Display	Clock	Show	Electric	Position
31	VSS_1	Yes	Yes	No	Yes	Undefined	Left
32	VDD_1	Yes	Yes	No	Yes	Undefined	Left
33	PB12	Yes	Yes	No	Yes	Undefined	Right
34	PB13	Yes	Yes	No	Yes	Undefined	Right
35	PB14	Yes	Yes	No	Yes	Undefined	Right
36	PB15	Yes	Yes	No	Yes	Undefined	Right
37	PC6	Yes	Yes	No	Yes	Undefined	Right
38	PC7	Yes	Yes	No	Yes	Undefined	Right
39	PC8	Yes	Yes	No	Yes	Undefined	Right
40	PC9	Yes	Yes	No	Yes	Undefined	Right
41	PA8	Yes	Yes	No	Yes	Undefined	Right
42	PA9	Yes	Yes	No	Yes	Undefined	Right
43	PA10	Yes	Yes	No	Yes	Undefined	Right
44	PA11	Yes	Yes	No	Yes	Undefined	Right
45	PA12	Yes	Yes	No	Yes	Undefined	Right
46	PA13	Yes	Yes	No	Yes	Undefined	Right
47	VSS_2	Yes	Yes	No	Yes	Undefined	Right
48	VDD_2	Yes	Yes	No	Yes	Undefined	Right
49	PA14	Yes	Yes	No	Yes	Undefined	Right
50	PA15	Yes	Yes	No	Yes	Undefined	Right
51	PC10	Yes	Yes	No	Yes	Undefined	Right
52	PC11	Yes	Yes	No	Yes	Undefined	Right
53	PC12	Yes	Yes	No	Yes	Undefined	Right
54	PD2	Yes	Yes	No	Yes	Undefined	Right
55	PB3	Yes	Yes	No	Yes	Undefined	Right
56	PB4	Yes	Yes	No	Yes	Undefined	Right
57	PB5	Yes	Yes	No	Yes	Undefined	Right
58	PB6	Yes	Yes	No	Yes	Undefined	Right
59	PB7	Yes	Yes	No	Yes	Undefined	Right
60	BOOT0	Yes	Yes	No	Yes	Undefined	Right
61	PB8	Yes	Yes	No	Yes	Undefined	Right
62	PB9	Yes	Yes	No	Yes	Undefined	Right
63	VSS_3	Yes	Yes	No	Yes	Undefined	Right
64	VDD_3	Yes	Yes	No	Yes	Undefined	Right

新建符号后，单击图 10-2 所示界面工具栏中的 按钮，打开"符号向导"对话框，如图 10-22 所示，位号为 U？，名称为 STM32F103RCT6。复制表 10-1 中的内容，将其粘贴到

"引脚信息"文本框中，单击"确定"按钮。

使用"符号向导"创建的 STM32F103RCT6 芯片原理图符号如图 10-23 所示。

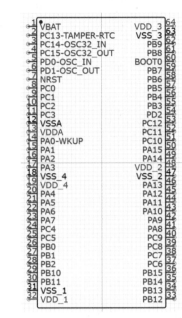

图10-22　符号向导　　　　　　　　图10-23　STM32F103RCT6芯片原理图符号

2. 添加属性信息

本书选用立创商城编号为 C8323 的 STM32F103RCT6 芯片，其详细信息如图 10-24 所示。

图10-24　STM32F103RCT6芯片详细信息

根据上述信息设置 STM32F103RCT6 芯片的属性，如图 10-25 所示。

在"封装管理器"对话框中，选择 STM32F103RCT6 芯片的封装，单击"更新封装"按钮分配封装，如图 10-26 所示。最后，保存 STM32F103RCT6 芯片的原理图符号。

图10-25　设置STM32F103RCT6芯片的属性

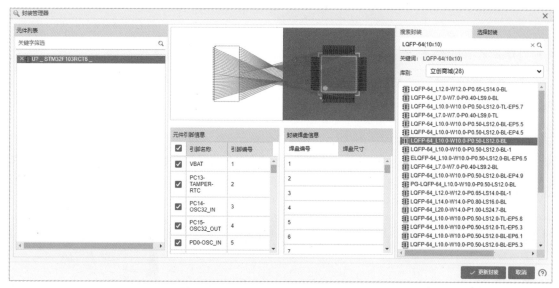

图10-26　设置STM32F103RCT6芯片封装

10.2　创建元件PCB封装

　　元件的 PCB 封装在电路板上通常表现为一组焊盘、丝印层上的外框及芯片的说明文字。焊盘是 PCB 封装中最重要的组成部分之一，用于连接元件的引脚。丝印层上的外框和说明文字起指示作用，指明 PCB 封装所对应的芯片，方便电路板的焊接。尽管嘉立创 EDA 提供了大量的 PCB 封装，但是在电路板设计过程中，仍有很多 PCB 封装无法在库里找到，而且现有的PCB封装未必符合设计者的需求。因此，设计者有必要掌握设计PCB封装的技能。

10.2.1　创建元件PCB封装的流程

　　创建元件 PCB 封装的流程如图 10-27 所示。

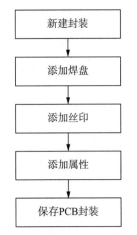

图10-27　创建元件PCB封装的流程

10.2.2　新建封装

执行菜单栏命令"文件"→"新建"→"封装"，打开新建封装设计界面，如图 10-28 所示。

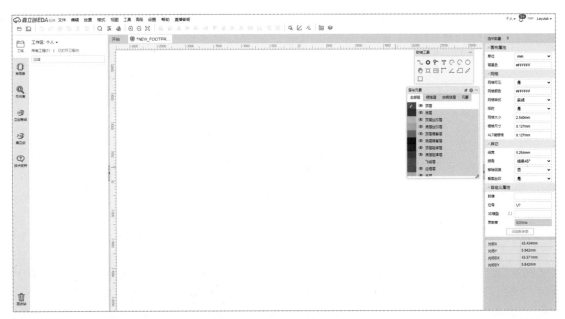

图10-28　新建封装设计界面

10.2.3　制作电阻PCB封装

电阻只有两个引脚，PCB 封装形式简单。PCB 封装的命名（如 R0603）分为两部分，其中 R 代表 Resistance（电阻），0603 代表封装的尺寸为 60mil×30mil。0603 封装电阻的尺寸和规格如图 10-29、图 10-30 所示。

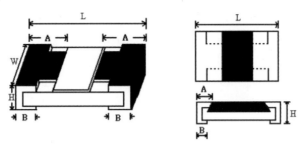

图10-29 0603封装电阻的尺寸

Type	70℃ Power	Dimension(mm)					Resistance Range			
		L	W	H	A	B	0.5%	1.0%	2.0%	5.0%
01005	1/32W	0.40±0.02	0.20±0.02	0.13±0.02	0.10±0.05	0.10±0.03	--	10Ω-1MΩ	10Ω-1MΩ	10Ω-1MΩ
0201	1/20W	0.60±0.03	0.30±0.03	0.23±0.03	0.10±0.05	0.15±0.05	--	1Ω-1MΩ	1Ω-1MΩ	1Ω-1MΩ
0402	1/16W	1.00±0.10	0.50±0.05	0.35±0.05	0.20±0.10	0.25±0.10	1Ω-1MΩ	0.2Ω~22MΩ	0.2Ω~22MΩ	0.2Ω~22MΩ
0603	1/10W	1.60±0.10	0.80±0.10	0.45±0.10	0.30±0.20	0.30±0.20	1Ω-1MΩ	0.1Ω~33MΩ	0.1Ω~33MΩ	0.1Ω~100MΩ
0805	1/8W	2.00±0.15	+0.15 1.25 -0.10	0.55±0.10	0.40±0.20	0.40±0.20	1Ω-1MΩ	0.1Ω~33MΩ	0.1Ω~33MΩ	0.1Ω~100MΩ

图10-30 0603封装电阻的规格

1. 添加焊盘

在图 10-28 所示界面右侧的"画布属性"面板中,设置单位为 mm,单击"封装工具"中的 ⭕ 按钮,在画布上单击放置焊盘,如图 10-31 所示。

单击选中焊盘 1,在"焊盘属性"面板中依次选择"顶层""矩形",如图 10-32 所示,并设置焊盘的宽为 1mm;高为 1.1mm;焊盘 1 的坐标为 (−0.7, 0)。注意,绘制 PCB 封装时,建议将焊盘的大小设置为比元件实际引脚面积稍大。

设置完属性后,焊盘 1 的效果图如图 10-33 所示。

图10-31 放置R0603封装焊盘1　　图10-32 设置R0603封装焊盘1的属性　　图10-33 R0603封装焊盘1的效果图

采用复制粘贴的方式添加 R0603 封装的焊盘 2。单击选中 R0603 封装焊盘 1，按快捷键 Ctrl+C 复制，单击原点作为参考点，再按快捷键 Ctrl+V 粘贴，按空格键旋转焊盘，然后单击原点放置焊盘。在"焊盘属性"面板中，将编号修改为 2，中心坐标应为 (0.7, 0)，如图 10-34 所示。

R0603 封装焊盘的最终效果如图 10-35 所示。

图10-34 设置R0603封装焊盘2的属性

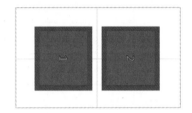

图10-35 R0603封装焊盘的最终效果

2. 添加丝印

放置完焊盘后，还需要添加丝印，用于表示元件外形，以及标示元件在电路板上的位置。首先，在图 10-28 所示界面右侧的"层与元素"面板中，将 PCB 工作层切换到顶层丝印层，如图 10-36 所示。

设置栅格尺寸为 0.1mm，线宽为 0.2mm，拐角选择"线条 90°"，如图 10-37 所示。

指针的坐标显示在"自定义属性"面板下方，如图 10-38 所示。

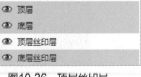

图10-36 顶层丝印层   图10-37 设置丝印参数   图10-38 指针坐标

单击"封装工具"中的 ✎ 按钮，单击坐标 (−0.4, 0.8) 处，开始绘制丝印，随后依次单击坐标 (−1.5, 0.8)、坐标 (−1.5, −0.8)、(−0.4, −0.8) 处，结束绘制，如图 10-39 所示。

采用复制粘贴的方法完成右边的丝印，如图 10-40 所示，两边的丝印是对称的。

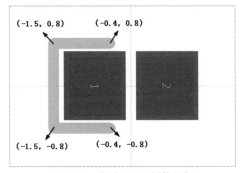

图10-39　绘制R0603封装丝印1

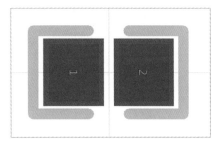

图10-40　绘制R0603封装丝印2

3. 添加属性

在"自定义属性"面板中，设置封装为 R0603，位号为 R？，如图 10-41 所示。

在"自定义属性"面板中，单击"3D 模型"文本框，打开"3D 模型管理器"对话框，在右侧的搜索框中搜索关键词"R0603"，在"库别"下拉菜单中选择"立创商城（5）"，然后选择合适的 3D 模型，如图 10-42 所示，最后单击"更新3D 模型"按钮。

图10-41　设置R0603属性

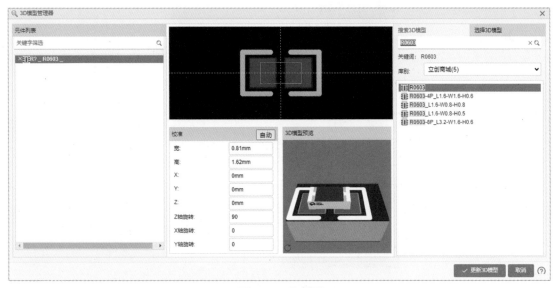

图10-42　3D模型

至此，R0603 PCB 封装制作完毕，保存封装，如图 10-43 所示。

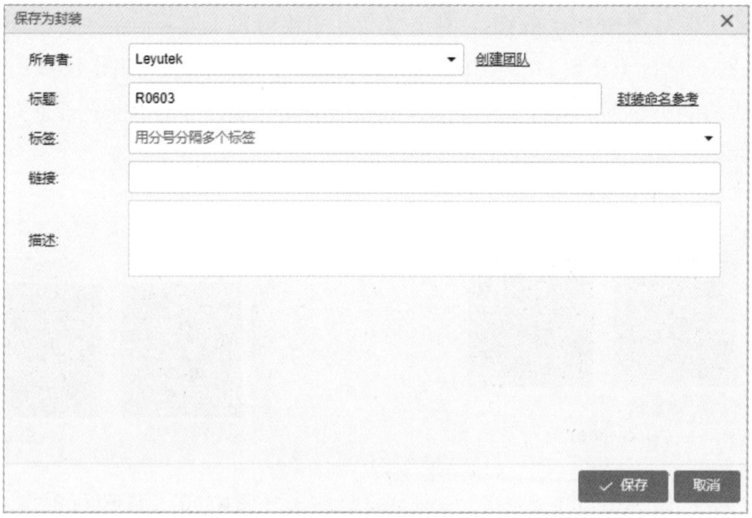

图10-43　保存封装

10.2.4　制作发光二极管的PCB封装

发光二极管的封装尺寸如图 10-44 所示。

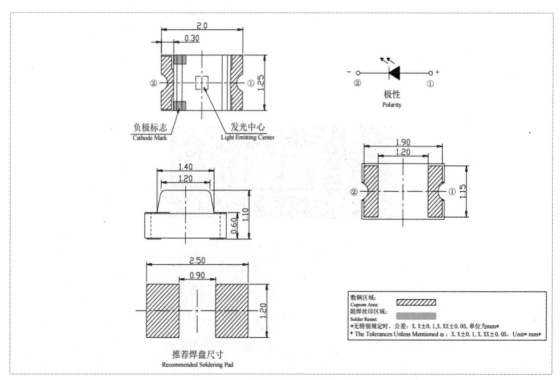

图10-44　发光二极管的封装尺寸

1. 添加焊盘

新建封装，单击"封装工具"中的 ○ 按钮，在顶层单击放置焊盘。单击选中焊盘，在
"焊盘属性"面板中选择"顶层""矩形"；设置焊盘的宽为 1.3mm；高为 1.4mm；焊盘 1 的

坐标为 (1.05, 0)，如图 10-45 所示。

采用复制粘贴的方式添加发光二极管封装焊盘 2。在"焊盘属性"面板中将编号修改为 2，焊盘 2 的坐标为 (−1.05, 0)，如图 10-46 所示。

图10-45　设置发光二极管封装焊盘1的属性　　　图10-46　设置发光二极管封装焊盘2的属性

发光二极管封装焊盘的最终效果如图 10-47 所示。

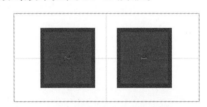

图10-47　发光二极管封装焊盘的最终效果

2. 添加丝印

在顶层丝印层添加丝印。设置栅格尺寸为 0.1mm，线宽为 0.254mm，拐角选择"线条 45°"，"移除回路"栏选择"否"，如图 10-48 所示。

图10-48　设置丝印参数

单击"封装工具"中的 ↳ 按钮，然后在坐标 (0.4, 1.0) 处单击，开始绘制丝印，在坐标 (2.0, 1.0) 处再次单击，在坐标 (2.0, −1.0) 处再次单击，最后在坐标 (0.4, −1.0) 处结束绘制，如图 10-49 所示。

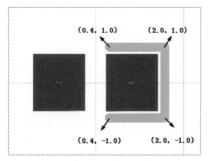

图10-49   绘制发光二极管封装右边丝印

采用复制粘贴的方法完成左边丝印，如图 10-50 所示。

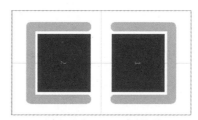

图10-50   绘制发光二极管封装左边丝印

因为发光二极管是有极性的元件，所以在丝印上应标示焊接的方向。图 10-51 表示发光二极管的正极焊接在焊盘 1 上，负极焊接在焊盘 2 上。单击"封装工具"中的 ⊿ 按钮可绘制实心三角形。

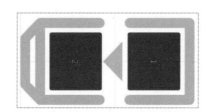

图10-51   绘制发光二极管封装极性标示丝印

3. 添加属性

在"自定义属性"面板中，设置封装为 LED0805_BLUE，位号为 LED ?，如图 10-52 所示。3D 模型的选择如图 10-53 所示。最后，保存封装。

图10-52   设置属性

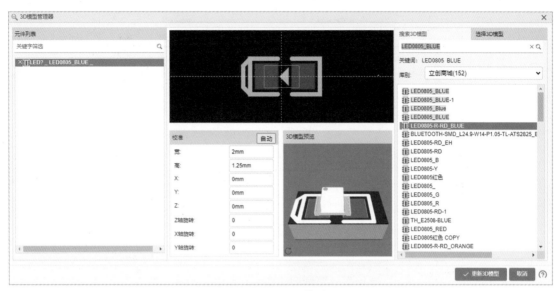

图10-53　3D模型

10.2.5　制作STM32F103RCT6芯片的PCB封装

STM32F103RCT6 封装的尺寸、规格分别如图 10-54、图 10-55 所示。

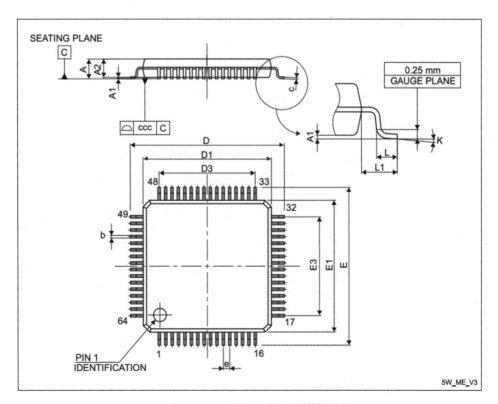

图10-54　STM32F103RCT6封装的尺寸

Symbol	millimeters			inches[1]		
	Min	Typ	Max	Min	Typ	Max
A	-	-	1.600	-	-	0.0630
A1	0.050	-	0.150	0.0020	-	0.0059
A2	1.350	1.400	1.450	0.0531	0.0551	0.0571
b	0.170	0.220	0.270	0.0067	0.0087	0.0106
c	0.090	-	0.200	0.0035	-	0.0079
D	-	12.000	-	-	0.4724	-
D1	-	10.000	-	-	0.3937	-
D3	-	7.500	-	-	0.2953	-
E	-	12.000	-	-	0.4724	-
E1	-	10.000	-	-	0.3937	-
E3	-	7.500	-	-	0.2953	-
e	-	0.500	-	-	0.0197	-
θ	0°	3.5°	7°	0°	3.5°	7°
L	0.450	0.600	0.750	0.0177	0.0236	0.0295
L1	-	1.000	-	-	0.0394	-
ccc	-	-	0.080	-	-	0.0031

图10-55　STM32F103RCT6封装的规格

1. 封装向导

新建封装，执行菜单栏命令"工具"→"封装向导"，在"封装向导"对话框中选择封装类型，如图 10-56 所示，这里选择 QFP 封装。

根据 STM32F103RCT6 的封装尺寸、规格，在"封装向导"对话框中填写相应的参数，如图 10-57 所示，设置完成后单击"更新预览"按钮，可以预览 PCB 封装，然后单击"应用"按钮。注意，焊盘的尺寸要稍大于元件的实际引脚尺寸。

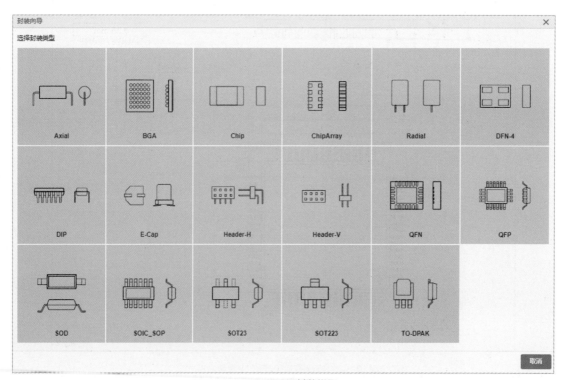

图10-56　选择封装类型

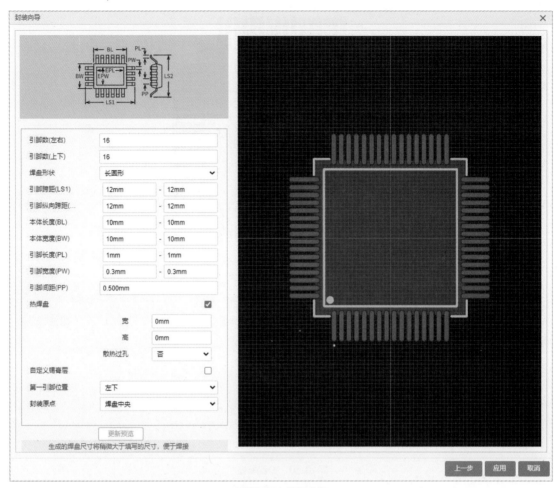

图10-57　设置参数

STM32F103RCT6 的 PCB 封装效果如图 10-58 所示。

为了能更清楚地辨识 1 号引脚，可修改丝印，效果如图 10-59 所示。

图10-58　STM32F103RCT6的PCB封装效果

图10-59　修改丝印后的效果

2. 添加属性

在"自定义属性"面板中，设置封装为 LQFP-64（10×10），位号为 U？，如图 10-60 所示。3D 模型的选择如图 10-61 所示。最后，保存封装。

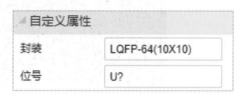

图10-60　设置属性

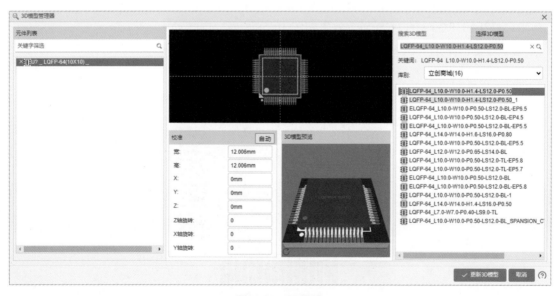

图10-61　3D 模型

本章任务

学习完本章后，应能够制作元件的原理图符号和 PCB 封装。

本章习题

1. 简述创建元件原理图符号的流程。
2. 简述创建元件 PCB 封装的流程。

附录 A   STM32 核心板原理图

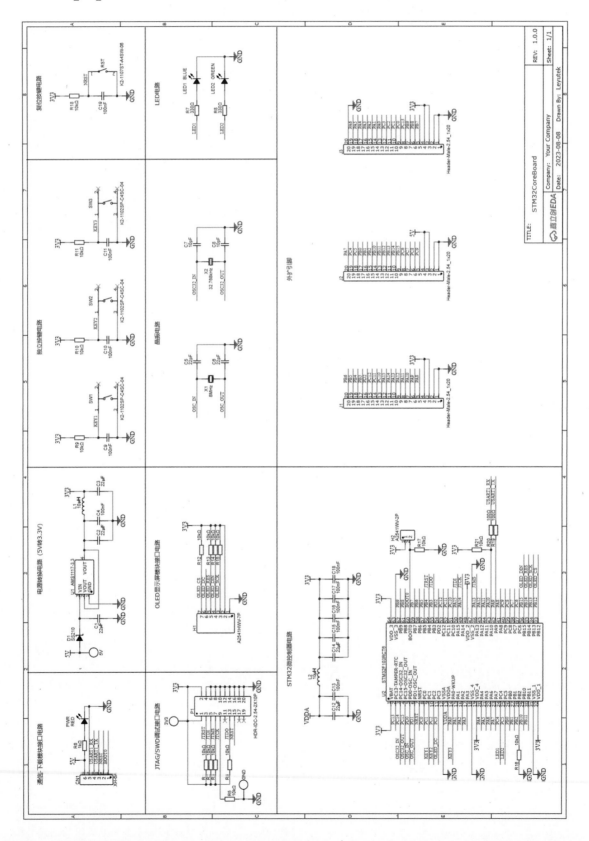